Joachim Petersen · Schlagader einer Nation

Joachim Petersen

Schlagader einer Nation

Das Eisenbahnwesen der UdSSR

Alleinvertrieb
RÖSLER + ZIMMER Verlag Augsburg

® Joachim Petersen - Hannover
Alleinvertrieb Rösler + Zimmer Verlag Augsburg
Klischees: Verlagsgesellschaft Madsack & Co., Abtlg. Graphische Kunstanstalten, Hannover
Druck: Buchdruckwerkstätten Hannover GmbH
Printed in Germany
SSBN 3-87987-132-9

Inhaltsverzeichnis

Einleitung	7
1. Kapitel Die Bedeutung der Eisenbahn für die Sowjetunion	9
2. Kapitel Alte Strecken und neue Magistralen	13
3. Kapitel Die Zulieferwerke der Bahn und ihr Programm	28
4. Kapitel Herstellung, Arbeitsteilung, Im- und Export im Bahnwesen innerhalb des Comecon und dem westlichen Ausland	36
5. Kapitel Lokomotiv-Typen und Waggons	48
6. Kapitel Schotterbett — Schwelle — Schiene	68
7. Kapitel Die Streckenelektrifizierung und ihre Energieprobleme	72
8. Kapitel Das Signalwesen und die drahtlose Nachrichtenübermittlung	83
9. Kapitel Kupplung — Radsatz — Bremse	89
10. Kapitel Die Bahnhöfe der Sowjetunion	96
11. Kapitel Ausbildungswesen und soziale Einrichtungen	103
12. Kapitel Forschung, Einsatz der Elektronik und Perspektiven bis 1985	107
13. Kapitel Der Gleisnagel	110

Literaturverzeichnis

Breite Spur und weite Strecken — J. Slezak
Geschichte der russischen Eisenbahn — J. N. Westwood
To the Great Ocean — Harmon Tupper
The Russian Railways — P. E. Garbutt
Asiens wilder Westen — Zischka
Sibirien ist nicht mehr Sibirien — Marcel Giuglaris
Eisenbahnwagen — Deinert
Eisenbahnlexikon — Transpress Verlag
So sah ich Sibirien — Portisch
Sibirien — Mowat
Die Lokomotive — G. H. Metzeltin
Eisenbahnjahrbücher — Transpress Verlag

Berichte aus mehreren Tageszeitungen

Das Lok-Magazin
Eisenbahnmagazin
Der Modelleisenbahner
Sowjetunion heute
SZD-Prospekte
Prospekte der Lieferindustrie
Korrespondentenberichte (Nowosti)
Märklin-Magazin
Magazin Sputnik

Fotos:

Konzelmann BRD
Transpress VEB Verlag für Verkehrswesen Berlin DDR
Sowjetunion heute, Köln
Nowosti Presseagentur Moskau UdSSR
Pressestelle der VVB Schienenfahrzeuge Berlin DDR
Pressestelle der Sowjetischen Eisenbahnverwaltung SZD Moskau
Sammlung Petersen BRD
Archiv Eisenbahnfreunde Hannover BRD
Zeichnung der Streckenkarte: Friedrich Heine, Hannover

Titelbild:

Ölzug, geführt von einer WL 60K,
K besagt, daß diese Güterzuglokomotive mit
einem Silizum-Gleichrichter ausgerüstet ist.

Einleitung

Über das sowjetische Bahnwesen ein Buch zu schreiben, ist mehr als schwierig. Bis 1963 gelang es einzelnen Autoren, ganz hervorragendes Material zu veröffentlichen und etwas Licht auf den Komplex dieses Infrastrukturteiles der UdSSR zu werfen.

In den letzten Jahren habe ich mich bemüht, einschlägige Literatur zu sammeln, um einen allgemeinen Überblick zu bekommen. Dieses Sammelsurium von Nachrichten durch eine Bahnfahrt in der Sowjetunion zu untermauern, um gewisse Bestätigungen über die Umstrukturierung des Bahnwesens in diesem östlichen Land zu erhalten, war mein größter Wunsch.

Man braucht wohl kaum darüber zu schreiben und zu diskutieren, wie schwer es teilweise ist, Nachrichten- und Bildmaterial aus der Sowjetunion zu erhalten. Mein gesamtes Fotomaterial und die dazugehörigen Tagebücher der Reise sind mir leider abhanden gekommen. Es gelang mir aber die Rekonstruktion meiner Bahnfahrt von Moskau nach Irkutsk in den technischen Punkten, die uns Eisenbahnfreunde nun einmal interessieren. Von einer Vollständigkeit der Einzelthemen ist dieses Buch leider weit entfernt. Trotzdem glaube ich, daß die einzelnen Artikel und das wiedergegebene Bildmaterial für den interessierten Eisenbahnfreund recht aufschlußreich sind.

Es drängt sich die Frage auf, ob von uns Westeuropäern Interesse an dem Komplex Eisenbahn unseres größten europäischen Nachbarn, der UdSSR, aufgebracht wird. Ich glaube, das bejahen zu können. Fast in allen Staaten der Welt, außer der Sowjetunion und der Volksrepublik China, wird das Bahnwesen zwar modernisiert, aber gleichzeitig reorganisiert und teilweise abgebaut. Das Verkehrsaufkommen ist zum Teil rückläufig und stagniert. Der Kraftwagen und das Flugzeug sind Konkurrenten der Schiene geworden.

Unser europäisches Industriegebiet ist mit einem engmaschigen, guten und an Entfernungen mäßig zu bemessenden Eisenbahnnetz überzogen. Ganz anders stellt sich das Bild der Infrastruktur der Sowjetunion dar. Neubau und Ausbau von Strecken, Modernisierung aller Zweige der Bahn mit Hilfe modernster Technik charakterisiert das Bild der SZD. Für uns Eisenbahnfreunde geradezu eine Fundgrube interessanter Antworten auf schwierigste bahntechnische Probleme aller Art.

Einige Worte gestatten Sie mir bitte noch über das Verbot, Aufnahmen über bahntechnische Anlagen und schriftliche Exposés festzuhalten. Über das Warum kann man auch in der Sowjetunion keine Antwort erhalten. Die Eisenbahnfreunde in den westlichen Ländern kennen keine strikten Fotoverbote. EWG- und EFTA-Länder verfügen über ein ausgezeichnetes und engmaschiges Straßennetz, so daß die Eisenbahn nur einen zweitrangigen strategischen Wert hat. Ganz im Gegensatz zur Sowjetunion. Abgesehen vom europäischen Rußland verfügt das übrige Land über keine ausreichende Infrastruktur. Neben einem gut ausgebauten Flugnetz steht dem Land nur ein weitläufiges aber außerordentlich wichtiges Bahnnetz zur Verfügung. Straßen und Wasserwege, vor allem in West-Ost-Richtung fehlen. Klimatische Verhältnisse und die Weitläufigkeit des Riesenreiches mit hohen Gebirgen, mächtigen Flüssen, Wüsten und Dauerfrostböden erschweren die Entwicklung aller Verkehrszweige. Der wirtschaftliche, aber vor allem der strategische Wert der Eisenbahn ist für die Sowjetunion von höchster Bedeutung.

Nur ungern spricht man über Streckenneubauten, Streckenauslastung, moderne Traktionsmittel usw. Nur aus diesem Grunde ist es verständlich, wenn überall ein »Nein« ausgesprochen wird.

Fernaufklärung und Satellitenaufnahmen der Großmächte können zwar jeden Winkel des vermeintlichen Gegners aufnehmen und haben das sicher auch schon wiederholt getan. Man weiß also Bescheid und fügt sich in das Unvermeidliche. Trotzdem sieht man Reisende mit Fotoapparaten nicht gerne in der Nähe von Bahnanlagen. Wie könnte man einen Eisenbahnliebhaber auch von einem ungebetenen Gast unterscheiden. Wollen wir das den Sowjets zugute halten.

Das Bildmaterial dieses Buches stammt zum Teil aus Zeitungen und Prospekten sowie der Zeitschrift »Sowjetunion heute«, aber auch eigene Bilder, die auf Messen aufgenommen wurden sowie verschiedener Verlage und Firmen befinden sich darunter. Einzelne Gespräche mit Eisenbahnern der SZD und meine eigenen Beobachtungen während der Reise vervollständigen das Textmaterial.

Meinen ganz besonderen Dank möchte ich aber den Damen und Herren der Presseabteilung der Botschaft der UdSSR in der Bundesrepublik für ihre unbürokratische und schnelle Hilfe bei der Beschaffung einzelner Bilder und Themen aussprechen. Nur dadurch konnte eine umfassende Aktualität des Buchtextes gewährleistet werden.

Weiteres aufschlußreiches Bild- und Textmaterial stellte der Transpress-Verlag Berlin, DDR, freundlicherweise zur Verfügung. Hierdurch war es erst möglich, Spezialgebiete, wie z. B. den Spurwechselradsatz in Bild und Strich wiederzugeben.

Die typographische Gestaltung und die Zeichnungen übernahm Herr Friedrich Heine, die verschiedenen Übersetzungen aus englischer und russischer Literatur Herr Klaus Stenzel und Herr Max Grunwald. Ihnen möchte ich ebenfalls an dieser Stelle meinen besten Dank aussprechen, zumal sie viele Einzelheiten in mühsamer Kleinarbeit rekonstruiert haben, die aber für so eine Veröffentlichung ausschlaggebend wichtig sind.

Betrachten Sie bitte diese Schriftreihe als Ergänzung des schon erschienenen Autorenmaterials letzter Jahre. So gesehen, hat sich meine Arbeit gelohnt.

Joachim Petersen

1. Kapitel

Die Bedeutung der Eisenbahn für die Sowjetunion

Das erste Kapitel soll die Bedeutung der Bahn für die UdSSR hervorheben, denn sie ist und bleibt Verkehrsträger Nr. 1 dieses großflächigen Landes mit ca. 22,4 Millionen qkm, im Gegensatz zu dem amerikanischen und europäischen Schienenverkehr. Viel technisches Gedankengut hat die SZD bei den amerikanischen Bahnverwaltungen entliehen, das kann auch heute noch der Reisende bei einer Fahrt in Rußland feststellen. Es ist aber falsch, die Leistungen beider Länder miteinander zu vergleichen. Die sowjetische Eisenbahn vollbringt heute, bedingt durch den wirtschaftlichen Aufschwung und dem Fehlen anderer Infrastrukturträger, gewaltige Leistungen.

Dagegen sind die vielen rivalisierenden Bahnverwaltungen Amerikas zum Sterben verurteilt. Selbst wenn der Staat helfend zur Seite steht und Subventionen gewährt oder gar ganze Gesellschaften übernimmt, wird dieser Zustand nur schwer zu ändern sein. Straße, Schiff und Flugzeug sind Sieger.

Dagegen pendelten sich im engen Westeuropa die Infrastrukturträger in etwa wieder ein, nachdem auch dort die Bahnen in den 50er und 60er Jahren ein Tief durchlaufen mußten. Überfüllte Straßen und überlastete Luftkorridore zwingen ganze Industriezweige, wieder zu der alten aber modernen Eisenbahn zurückzukehren.

Die nachfolgenden Kapitel werden immer wieder aufzeichnen, was für gewaltige Anstrengungen der Staat unternimmt, um die SZD und die Zulieferer zu fördern und zu sanieren. Man kann sagen, der Staat läßt sich die Verkehrsschlacht etwas kosten.

Wer in den Direktiven zum Fünfjahrplan der UdSSR vom 6. April 1971 im Referat des Vorsitzenden des Ministerrates der UdSSR A. N. Kossygin blättert, wird feststellen, daß die Regierung noch manche Forderung von seiten der Verkehrsträger erfüllt sehen will. So wird der Herbst- und Winterverkehr der SZD bemängelt, auch soll die Transportleistung um 22 Prozent für den Zeitraum bis Mitte der 70er Jahre gesteigert werden, fast ausschließlich durch höhere Arbeitsproduktivität. Skeptiker werden diese geforderten Zahlen mit Vorsicht aufnehmen, wie überhaupt das russische Spiel mit Planzahlen, Tabellen und Statistiken uns Westeuropäern nicht so sehr liegt. Man mag aber bedenken, daß schon Pläne, selbst wenn sie realistisch aufgestellt sind, aber mit nur 75 Prozent erfüllt wurden, schon einen ungeheuren Gewinn für das Land und seine Wirtschaft darstellen.

Während einer Industriemesse machte ich die Bekanntschaft eines russischen Dipl.-Ingenieurs. Bei einem Gespräch über wirtschaftliche Probleme allgemeiner Art erklärte er mir, daß die Infrastruktur seines Landes die Achillesferse schlechthin darstellt. Die Volkswirtschaft hätte ohne Zweifel noch größere Erfolge zu verzeichnen, könnten Rohstoffe, Halbfabrikate und Fertigprodukte schneller in die einzelnen Industriereviere und wieder über das Riesenreich in Umlauf gebracht werden. Die Lagerhaltung einzelner Industriebetriebe habe ich während meiner Reise immer bewundert. Was dort an Kapital festliegt, ist ein weiterer Punkt, der volkswirtschaftlich kaum zu vertreten ist. Anders gesehen, müssen die Betriebe aber, die ihre Rohstoffe oder Halbfabrikate aus tausenden von Kilometern Entfernung beziehen, auf Lagerbestände zurückgreifen, soll die Produktion ungestört laufen.

Zeitraubend und mitunter technisch nicht leicht zu lösen ist der Transport von Ertragsgütern aller Art. So müssen z. B. Südfrüchte und hochwertiges Obst von Südkasachstan (Alma Ata) durch Wüsten 3000 bis 4000 km in die Ballungsgebiete Weißrußlands oder Fernost geleitet werden, dagegen Getreide aus Südrußland zum mittleren Ural, und das in den kurzen Ernteperioden. Von den militärischen Belangen, die die SZD auszuführen hat, ganz zu schweigen. Der Gedanke russischer Ökonomen, die Wirtschaftsstruktur aufzulockern und sich mit allem selbstversorgende Gebiete zu schaffen, dürfte sicher eine Lösung darstellen, die aber viel Zeit erfordert, abgesehen von den ungeheuren Investitionssummen.

Durchschnittlich muß die SZD jede Tonne Fracht 860 km weit transportieren (Bundesbahn ca. 200 km). Von den gesamten Gütermengen, die Industrie und Wirtschaft zum Transport bereitstellen, muß allein die Bahn 80 Prozent übernehmen. Am meisten belasten die Güter Kurzstrecken. Aus diesem Grunde soll nach dem Willen des 24. Parteitages der Straßenbau innerhalb der Industriezentren forciert werden.

Bei der schnell wachsenden Volkswirtschaft verändert sich natürlich auch die Güterstruktur, die oftmals für den Transport mit Lkw's als hochwertige Fertigprodukte geeigneter sind. Nicht nur dem eigenen Land gegenüber hat die SZD große Verpflichtungen, man muß auch die Im- und Exporte innerhalb des Comecon abwickeln und in letzter Zeit auch den internationalen Transitverkehr. So unterhält die Sowjetunion mit 23 Ländern Europas Verkehrsverbindungen.

In letzter Zeit ist der Container-Durchgangsverkehr zwischen Japan und Westeuropa erwähnenswert. Nach japanischen Berechnungen konnten bis zu 20 Prozent Frachtraten-Einsparungen bei Überlandtransporten erzielt werden. Zeitmäßig besteht kein Unterschied zwischen Schiene und Schiff. In beiden Fällen kann man mit 25 Tagen Transportdauer rechnen. Meist aber sind Fahrzeiten von 40 Tagen noch die Regel, da gewisse Koordinationsschwierigkeiten bestehen. Diese längste Containerstrecke läuft von Tokio über Osaka, nach dem Seehafen Niigata von dort per Schiff nach Nachodka und weiter über die transsibirische Eisenbahn zur Drehscheibe Moskau und den Grenzstationen. Dort werden die 20 t-Container von den europäischen Eisenbahnen übernommen. Bis zu 12 000 km Streckenlänge kann ein Container so zurücklegen.

Um all die Transportwerte der SZD zu unterstreichen und herauszuheben, sprechen die Werte für sich. So verkehren in der UdSSR täglich bis zu 17 000 Reisezüge (1972). 1965 wurden 2,3 Milliarden Fahrgäste befördert, davon allein im Vorortsverkehr 2,1 Milliarden Berufspendler. 1970 stieg die Zahl auf 3 Milliarden bei 2,5 Milliarden Pendlern an.

1968 bereits transportierte die SZD 50 Prozent des gesamten Güterfernverkehrs der Welt. Eine fast unglaubliche Leistung, die aber amtlich belegt ist. Ein Streckenkilometer in der Sowjetunion ist demnach zehnmal so intensiv genutzt, wie in den westeuropäischen Staaten, trotzdem verläuft der Verkehr reibungslos, soweit das Wetter keine extremen Daten aufweist. Selbst dem nicht interessierten Reisenden fällt z. B. zwischen Perm und Swerdlowsk oder Omsk und Nowosibirsk, um nur zwei wichtige Abschnitte der SZD zu nennen, die dichte Zugfolge auf. In 7minütiger Zugfolge werden Güterzüge in beiden Richtungen gezogen. Dabei müssen zwischendurch noch die Fernzüge mit eingefädelt werden.

Vier- und sechsachsige Großgüterwagen dominieren heute. In den verstärkten Einsatz kommen nun aber auch die superschweren Achtachser. Hauptsächlich in den Industrieschwerpunkten sieht man diese Giganten. In Tjumen stand neben unserem ›Rossija‹ ein gemischter Güterzug, in dem auch Achtachsige beigestellt waren. Selbst aus dem hochgelegenen Personenwagenfenster konnte man die Seitenwände dieser Spezialgüterwagen nicht überschauen. Eine wirklich interessante und geglückte Konstruktion, die die Leistungsfähigkeit der SZD entscheidend beeinflussen wird.

Mit solchen Neuerungen und der dazugehörenden vollmechanisierten Ver- und Entladetechnik, hofft man, die Arbeitsproduktivität bzw. den Nutzen der Gesamtbahnanlagen zu heben.

Durch den Ausbau der Strecken konnte z. B. die Durchschnittsgeschwindigkeit der Reisezüge auf 60 km/h heraufgesetzt werden, was schon etwas heißen will, liegt doch das Durchschnittsgewicht der Personenzüge bei 1000 t.

Immer wieder sucht die Bahn nach Möglichkeiten, rationeller und besser zu arbeiten. Dabei spielt auch der Leistungswettbewerb der Bediensteten eine große Rolle. Lobend werden Lokführer genannt, die unter Ausnutzung aller Möglichkeiten Schwerlastzüge von 4—8000 t stromsparend und pünktlich befördern. Die Neuereridee ist im Grunde genommen schon alt und wiederholt sich nur unter anderem Namen. Schon zu Lenins Zeiten wurde so der Ehrgeiz der Menschen herausgefordert und als nachahmungswürdiges Beispiel hingestellt.

Die Fahrpreise aller Verkehrsmittel sind in der Sowjetunion ausgesprochen niedrig. Jeder kann sich eine Fahrt mit der Bahn, auch in entfernteste Gebiete, erlauben. Es ist kein Problem eine Fahrkarte zu erhalten.

Was man braucht und mitunter nur schwer erhält, d. h. wenn eine Reise nicht frühzeitig geplant wird, ist die Platzkarte für ein Bett. Die Fernzüge der SZD nehmen nur soviele Fahrgäste mit, wie der Zug Betten hat. Kein Mensch kann Tage und Nächte stehen. Dazu eine kleine Geschichte die ich in Sibirien erlebte. In Nowosibirsk benötigte ich für die Weiterfahrt nach Irkutsk 3 Platzkarten. Mit unserer Dolmetscherin ging ich zum Bahnhof, um die Karten zu besorgen. Die Schalterbeamtin, Herrin über alle Platzkarten, ließ ihr unerbittliches »Njet« hören. Intourist, sonst ein Zauberwort, half auch nicht. Erst der Bahnhofsvorsteher machte dem Palaver ein Ende. Er brachte uns sogar persönlich am folgenden Tag an den Zug. Nebenbei bemerkt, hat dieser Beamte den größten Eindruck auf mich gemacht. Nicht nur sein gepflegtes Äußeres und seine Autorität die er ausstrahlte beeindruckten mich, sondern auch seine Größe mit ca. 1,90 m. Ein typischer Sibirier, wie mir schien.

Die Originalbezeichnung der sowjetischen Eisenbahn (SZD) lautet: Sovjetskije Zeleznyje Dorogi, was wörtlich übersetzt »Staatliches Eisenbahnunternehmen der UdSSR« heißt.

Der komplizierte und umfangreiche Wirtschaftszweig »Schienenverkehr« hat einen Grundfond von ca. 40 Milliarden Rubel. Das Gesamtvermögen erhöht sich durch die vielseitigen und hohen Investitionen ständig und schnell. Vom gesamten Volkswirtschaftsvermögen entfallen wiederum 10 Prozent auf die Bahn.

Das Verkehrsministerium der UdSSR ist oberste Aufsichtsbehörde der SZD mit allen die Verkehrsfragen betreffenden Bereichen. Organisatorisch und technisch geleitet wird das Unternehmen von einem Eisenbahnministerium. Ihm unterstehen auch die über das Land verteilten Eisenbahnhochschulen und das Forschungswesen. Wie bei der Bundesbahn, so ist auch das Bahnwesen der Sowjetunion in Direktionsbezirke aufgeteilt, zumal territorial gesehen weite Streckenbereiche (135 000 km) zu verwalten sind. 26 Direktionsbezirke unterstehen dem Moskauer Ministerium, außerdem 175 Eisenbahnämter, 10 000 Bahnhöfe mit 840 Lok- und Wagen BWs.

Der Präsident der SZD hat mehrere Stellvertreter, die wiederum Hauptabteilungen leiten, wie das Maschinenamt, Wagenwirtschaft, Elektrifizierung, Hochbau usw.

2. Kapitel

Alte Strecken und neue Magistralen

Wenn man im Transsibirischen Expreß sitzt und die westsibirische Tiefebene durchfährt, Stunde für Stunde und noch dazu fast gradlinig, so erhält man erst den richtigen Eindruck, wie groß das Land in seiner Flächenausdehnung ist und wie weitläufig und wichtig die Eisenbahnlinien für die UdSSR sind. Daher zählt gerade dieses Kapitel mit zu den interessantesten und aufschlußreichsten dieses Buches.

Es soll auch der Versuch gemacht werden, Wahrheit und Dichtung über vorhandene und nicht existierende Magistralen zu finden, wobei gewisse Betrachtungen über etvl. bestehende aber nicht genannte Linien angestellt werden sollen.

Offizielle Angaben bei den sowjetischen Stellen zu erhalten, ist nicht ganz einfach, vor allem, wenn sie etwas detaillierter sein sollen. Man muß jahrelang Meldungen und Publikationen sammeln und auswerten, um einen einigermaßen Überblick zu erhalten.

Wenn man bedenkt, daß neben dem SZD-Streckennetz von 133 000 km noch ein zwar erwähntes, aber nirgends beschriebenes Netz von Industriebahnen mit 110 000 km Länge besteht, das sich hauptsächlich auf die großen Industriezentren beschränkt, wird die Aufgabe, eine echte Publikation zu schreiben, nicht gerade leichter.

Es mag sicher auch sogenannte Militäreisenbahnen geben oder Bahnlinien, die ausschließlich für die Raumfahrt gebaut werden, wie in Baikonur. Sie aber sind für diese Abhandlung unwichtig und bedeutungslos.

Die Sowjets haben sich immer von dem Grundsatz leiten lassen, Strecken nur zu bauen, wenn die wirtschaftlichen und natürlich auch die strategischen Gesichtspunkte eindeutig gegeben sind. Gerechterweise muß man diese Gedankengänge auch den Verkehrsplanern des Zarenreiches zugestehen. Sie waren es auch, die das Grundgerippe des heutigen Streckennetzes prägten und für viele Jahre den Zuwachs planten. Zum Teil hat die SZD diese Pläne verwirklicht.

Wenn diese Abhandlung mehr das neue Bahnwesen der UdSSR beschreiben soll, so kann doch nicht das Entstehen und die Entwicklung der Eisenbahngründungsjahre ignoriert werden, zumal das Zarenreich in dieser Hinsicht keineswegs als rückständig und unmodern gelten konnte.

Zu Anfang bestand der Wunsch, natürlich den technischen Möglichkeiten entsprechend, das europäische Rußland durch den Schienenstrang zu erschließen. Allmählich aber sollten einige Weitstrecken den Ural und Sibirien an das Mutterland binden, ebenso wie die südlichen Landesteile. Bis dahin sollte aber noch viel Zeit vergehen.

Die erste russische Eisenbahnlinie entstand von 1835 bis 1837 und verband die Hauptstadt mit Zarskoje Selo und Pawlowsk. Sie war mehr eine Ausflugsbahn und diente weniger der Industrialisierung.

Eine weit wichtigere Bahn sollte die Warschau-Wien-Verbindung sein, die von 1839 bis 1848 erstellt wurde.

Die bekannteste Bahnlinie der Gründerjahre war die Petersburg-Moskauer-Eisenbahn, auch Nicolaibahn genannt, die heutige Oktoberbahn. Ihre Bauzeit betrug 9 Jahre von 1843 bis 1851 und stellte bautechnisch eine Meisterleistung dar. Ohne Rücksicht auf landschaftliche Gegebenheiten verläuft die Trasse gradlinig, so wie der Zar sie in »Laune« aufgezeichnet hatte. Von dieser »Laune« profitiert heute noch die SZD. Keine andere Strecke liegt so günstig zwischen den Industrierevieren Moskau/Leningrad und ist besser geeignet für Schnellfahr- und Gleisbettversuche, wie gerade diese Route.

Die Entstehung des russischen Eisenbahnnetzes läßt sich, periodisch gesehen, am besten von den Netzkarten der verschiedenen Epochen ablesen. Das Ende des letzten Jahrhunderts deutete einen enormen Fortschritt an. Über 50 000 km Bahnstrecken waren kurzfristig gebaut worden, d. h. bis etwa 1905, 1910. 1870 fuhren Züge von Petersburg bis Taganrog-Rostow oder Filonowo-Riga. Im Norden von Moskau gingen Linien nach Jaroslawl und Nischni-Nowgorod dem heutigen Gorki. Auch die Ukraine war angeschlossen und wichtige Industriestädte miteinander verbunden. S. z. B. Orel, Kursk und Odessa als Schwarzmeerhäfen.

Die landwirtschaftlichen Erzeugnisse spielten zu dieser Zeit eine wichtige Rolle. Damals konnte Rußland Getreide noch exportieren.

Die Karte von 1890 zeigt ein dichteres Netz von weißrussischen Linien. Zusätzlich tastete man sich schon langsam in den Kaukasus vor, und zwar von Rostow bis Wladikawkas. Es bestanden auch zwei größere Inselstrecken, die Baku mit Batum verband, sowie im Ural Perm mit Jekaterinburg.

Eine Bahnstreckenkarte von 1914 stellt dem Betrachter das Grundgerippe der heutigen Magistralen dar. Die berühmte Transsibirische war entstanden mit einem Abzweig durch chinesisches Gebiet nach Wladiwostok. Die Transkaspische Bahn hatte einen Anschluß von Samara nach Taschkent und der Ural ein weitmaschiges Streckennetz erhalten. Mögen diese Angaben aus der Gründerzeit dem Leser genügen und betrachten wir einige Hauptlinien, wie z. B. die Polareisenbahnlinien, die Baikal-Amur-Magistrale, die Transsibirische Linie, die Turkistan-Transsibirische Magistrale und die Transkaspibahn.

Die Polareisenbahnlinien der SZD

Wie die drei skandinavischen Länder Norwegen, Schweden und Finnland, so verfügt auch die Sowjetunion über Bahnlinien, die nördlich des Polarkreises liegen. Es sind keine überwältigenden Streckenlängen, aber um so wichtigere, verbinden sie doch das Stammland mit einem eisfreien Hafen und mehreren Industrierevieren.

Die Streckenabschnitte liegen auf der Kola-Halbinsel und verbinden die Städte Kandalakscha, Apatit, Murmansk, Nikel, Petschenga miteinander, weiter zwischen Abez, Workuta und Salechard an der Petschorabahn sowie der Erzbahn zwischen Norilsk und Dudinka.

Als eine einmalige Bahnlinie zum Teil gebaut, aber wahrscheinlich nicht vollendet, kann die Stalin'sche Polareisenbahn gelten. Sie sollte Salechard am Ob mit Igarka am Jenissej verbinden. Wirtschaftlich, vor allem aber strategisch gesehen, ein einmaliger Gedanke und Entschluß. Aber wie so manche Objekte in der Sowjetunion zu früh und übereilt forciert, was dann übrig blieb ist rostendes Volksvermögen.

Heute, in den 70er Jahren, sind die Sowjets natürlich in der Lage, die erwähnte Polareisenbahn weiterzubauen und dem Verkehr zu übergeben. Die Strecke Tjumen-Tobolsk z. B. weist den gleichen Schwierigkeitsgrad beim Bau auf, wie die Polarbahn.

Ein Flottenkalender teilte 1972 mit, daß die Polarbahn 1964 dem Verkehr übergeben wurde. Leider gelang es mir nicht, mit dem Autor Kontakt aufzunehmen, aus welcher Quelle diese Nachricht stammt. Einer der größten und renommiertesten Landkarten- und Atlantenhersteller teilte aber mit, sie hätten die Strecke wieder gestrichen, da keine sowjetische Bestätigung zu erhalten sei. So bleibt die Angelegenheit im Dunkeln.

Strategisch hätte die Bahnlinie allererste Bedeutung, denn zwischen Ob und Jenissej dürften die Sowjets ein mächtiges Militärpotential installiert haben. Wirtschaftlich gesehen könnten sie endlich den Hafen Igarka am Jenissej an die Petschorabahn anschließen. Die hochwertigen Erze aus Norilsk ließen sich im Fährverkehr von Dudinka zur Bahnstation Igarka bringen. Natürlich nur im Sommer.

Trotzdem schlüge die kurze Transportzeit positiv zu Buche.

Erwähnenswert ist, daß das größte Holzverarbeitungszentrum der UdSSR am Unterlauf des Jenissej konzentriert ist und die Flußschiffahrt durch diese Bahnlinie eine Ergänzung erfahren würde.

Durch den russischen Ingenieur A. Poboschin drangen vor Jahren einige Meldungen über den Bau der Polarbahn an die Öffentlichkeit. Nach diesen Angaben hat Stalin 1947 den Bau einer tausend km langen eingleisigen Hauptstrecke entlang dem 67. Breitengrad befohlen. Die Streckenführung sollte eine Fortsetzung der Petschorabahn sein und von Salechard über Nadym nach Igarka führen.

Zur damaligen Zeit hat die Tundra den Bahnbauern einen Erfolg verwehrt. Es muß unvorstellbar gewesen sein, was Fachleute, Sträflinge und die einheimische Bevölkerung, die an diesem Bahnbau beschäftigt waren, ausgehalten haben. Den ersten Versorgungsstützpunkt baute man in Urengoj.

Im Winter, zum Teil bei 40° Minus wurde mit der Vermessung begonnen. Selbst Schneestürme verzögerten diese Arbeitsphase nicht. Der eigentliche Bahnbau begann 1950. Materialien aller Art und die Baukommandos kamen mit Schiffen auf den Flüssen Ob und Tas heran. Man baute nach faktischen Kosten, das hieß: Geld spielte keine Rolle.

Von der 1000 km langen Strecke sind trotz unüberbrückbarer Schwierigkeiten ca. 400 km Gleisanlagen von Salechard aus bis Nadym und einige km von Igarka nach Westen in die Tundra gebaut worden. Im Winter hielten die Bauten und Anlagen den Versuchsfahrten stand. Im Frühjahr und Sommer aber versank alles im bodenlosen Schlamm. Den Sowjets fehlten damals die Kenntnisse der Isoliermöglichkeiten in Dauerfrostgebieten.

Was ist nun aus dem Vorhaben geworden? Nach Stalins Tod zeigten die maßgebenden Fachleute in Moskau kein Interesse mehr für die Polarbahn. Die finanziellen Mittel wurden gestrichen. 1952 rückten die Bautrupps endgültig ab. Was blieb, war eisenbahntechnischer Schrott. Bis zu diesem Zeitpunkt sprechen Tatsachen, danach nur Vermutungen.

Ich glaube wohl sagen zu können, in den letzten Jahren einen gewissen Einblick in das sowjetische Bahnwesen bekommen zu haben und kann mir nicht vorstellen, daß die SZD als Wirtschaftsträger oder die Moskauer Militärstrategen diesen Zustand von 1952/53 belassen haben. Zumindest ist der Versuch unternommen worden, die Streckenteile von Salechard nach Nadym zu rekonstruieren und evtl. als nichterwähnte Militäreisenbahn auszubauen. Wie schon gesagt, irgendwelche Anhaltspunkte oder amtliche Bestätigungen hierüber gibt es nicht, sieht man von der Berichterstattung in dem Flottenkalender ab.

Offen gestanden habe ich auch nie den Versuch gemacht in Moskau so ein heikles Thema anzuschneiden, der Verdacht einer unerwünschten Berichterstattung Dritten gegenüber verbietet den Sowjets sowieso, diese Fragen zu beantworten. Ganz davon abgesehen, daß man sehr schnell seine Glaubwürdigkeit als Autor, Eisenbahnfreund oder Tourist verlieren kann.

Zu sagen, welche der beiden anderen Polareisenbahnstrecken für die Sowjetunion in ihrer Bedeutung Vorrang hat, ist schwer zu ermitteln. Die Murmanskbahn verbindet den einzigen eisfreien Großhafen an der Nordküste mit dem übrigen Land.

Die Petschorabahn dagegen, das mächtige Industrierevier des Nordurals mit Workuta als Zentrum an Moskau, Leningrad und Kirow. Dagegen ist der durch eine Stichbahn angeschlossene große Flußhafen von Salechard nur zweitrangig. Die seichte Obmündung und die langanhaltenden Eisperioden lassen den Verkehr mit großen Schiffen nicht zu.

Betrachten wir zuerst die Murmanskbahn. Ihr Bau wurde zu Beginn des Ersten Weltkrieges begonnen. Sie sollte eine entscheidend wichtige Rolle übernehmen, da die Ostsee bzw. die Schwarzmeerhäfen durch Deutschland und die Türkei blockiert waren und alle Güter über Archangelsk in das Landesinnere transportiert werden mußten. Da die Archangelsklinie auf Schmalspur beruhte, brach ein Transportchaos aus.

Mit allen Mitteln und ohne Rücksicht auf Menschen und Verluste vollendete die zaristische Regierung die Murmansk-Linie. Ein alter Klassenlehrer berichtete mir über die Zustände, die beim Bau herrschten. Auch tausende von deutschen Kriegsgefangenen, u. a. er selbst, waren daran beteiligt.

Der Ausspruch »unter jeder Schwelle der Murmansklinie liegt ein Kriegsgefangener begraben« ist sicher übertrieben. Die Opfer aber müssen enorm hoch gewesen sein. 1916 konnten die ersten Züge auf der provisorisch ausgebauten Strecke verkehren. Sie hat das Kriegsergebnis für Rußland nicht mehr entscheidend beeinflussen können. Es war zu spät.

Im Zweiten Weltkrieg aber stellte sie eine der wichtigsten Verbindungen dar, die das schwer kämpfende Land mit Gütern aus Übersee zu versorgen hatte. Es ist ein Wunder, daß die Linie trotz Boden- und Luftangriffen nie restlos außer Betrieb gesetzt werden mußte. Eine gut organisierte Ersatzteillagerung in den nahen Wäldern und der Einfallsreichtum der sowjetischen Eisenbahnpioniere haben das Schlimmste zwischen 1941 und 45 verhindert.

Nach Kriegsende stieg die wirtschaftliche Bedeutung der Strecke Leningrad-Murmansk stark an. Fisch und Überseetransporte, Erz, Holz und Kohle weist der Güterstrom heute auf. Der durchgehende zweigleisige Ausbau beginnt aber erst in den 70er Jahren, ebenso die Elektrifizierung mit 25 kV 50 Hz. Nur der nördlichste Abschnitt ist mit 3000 Volt Gleichstrom 1937 elektrifiziert worden. Die Strecke weist zum Teil Steigungen von 20 Hundertstel auf und hat enge Kurven.

Neu angeschlossen an die Mutterstrecke ist die Stadt Nikel und der Hafen Petschenga, ebenso bestehen alte Zweiglinien nach Kowdor, Alakurtti, Mujezerka sowie eine Ringlinie um den Ladogasee. Ausgangspunkt ist der finnische Bahnhof in Leningrad. Eine wichtige Station ist die Stadt Petrosawodsk. Hier liegt das größte Bahnbetriebswerk der Linie.

Es beherbergt Diesel- und Dampflokomotiven. Letztere für die Nebenstrecken. Hauptsächlich TE 2 Maschinen besorgen den Verkehr auf der nicht elektrifizierten Strecke.

Die Stadt Murmansk ist Endpunkt der Linie und hat heute 750 000 Einwohner. Obwohl der Golfstrom an dem Küstenstreifen vor der Stadt noch wirksam ist, herrschen Temperaturen bis zu minus 40° und immer noch wächst die Stadt in die Berge hinein und unterstreicht damit ihren strategisch-wirtschaftlichen Wert für die Sowjetunion.

Die Geburtsstunde der Petschorabahn liegt vor dem Zweiten Weltkrieg und ihr Bau ging während der Jahre 1940—45 bis zur Stadt Koshwa am Fluß Petschora weiter. Er gab ihr auch den Namen. Ausgangspunkt ist der wichtige Knotenpunkt Kotlas.

Hier zweigt der Uralzubringer nach Kirow-Perm und eine Linie zur Jaroslawl-Eisenbahn mit Anschluß zur Murmanskbahn ab.

Erze und Kohlen die nach Leningrad und zum Baltikum transportiert werden müssen, können so ohne Schwierigkeiten das neuralgische Verkehrszentrum Moskau umfahren.

1950 verlangten wirtschaftliche Überlegungen einen Weiterbau nach Workuta. Im Gegensatz zur Murmanskbahn entschloß sich die SZD zum zweigleisigen Ausbau der 1600 km-Strecke. Das gewaltige Verkehrsaufkommen rechtfertigte die hohen Investitionskosten. Von der 1942 gebauten Hauptstrecke gehen zwei Stichbahnen nach Südosten und Nordwesten zu den Städten Jertom und Syklowkar ab. Auch von Archangelsk in Richtung Jertom befindet sich eine Zweiglinie im Bau, so daß eine bessere wirtschaftliche Erschließung der Waldgebiete im Dwinagebiet gegeben ist.

Eine ausgesprochene Polareisenbahn ist die 1933 gebaute Hauptlinie zwischen der Bergarbeitergroßstadt Norilsk und dem Jenissejhafen Dudinka. Ihre Gesamtlänge beträgt ca. 130 km und kann als Industriebahn gelten, obwohl ein reger Personenverkehr vorherrscht. Die Strecke ist frostsicher aufgeschüttet und erlaubt das Fahren schwerer Erzzüge. Mit diesen Betrachtungen schließt sich der Kreis der sowjetischen Nordbahnen, die in Ihrer Ausführung, Entwicklung und Bedeutung gar nicht hoch genug bemessen werden können für das größte Land dieser Erde.

Die Baikal-Amur-Magistrale

Keine Bahnstrecke der Welt hat soviel Widersprüchlichkeiten erfahren, wie die Baikal-Amur-Magistrale. Mancher Autor sah schon in den 50er Jahren die Züge nördlich um den Baikalsee nach Komsomolsk, ja sogar mit einer Abzweigung nach Jakutsk fahren. Atlanten und Landkarten im westlichen Europa geben die Bahnlinie oftmals in einer Linienführung wieder, die topographisch und bautechnisch nicht durchführbar wäre.

Die Russen selbst haben zu keiner Zeit das Vorhandensein der BAM bestätigt. Selbst wenn man annimmt, daß aus strategischen Gründen die Linie einer strengen Vertraulichkeit unterworfen ist, kann wohl behauptet werden, daß irgendwelche Einzelheiten doch einmal bekannt geworden wären. Selbst P. E. Garbutt, ein versierter britischer Fachmann mit reichen Kenntnissen über das sowjetische Eisenbahnwesen, bezweifelt das Vorhandensein dieser Linie.

Heute, Anfang der 70er Jahre, kann man mit Bestimmtheit sagen, daß diese Linie nicht existiert. Noch nicht! Während meiner Reise durch Sibirien beschäftigte mich diese Frage sehr.

Nur muß ich gestehen, Fragen direkt zu stellen, war zu riskant. Aber es gibt mitunter Zufälle, die zwar nicht als Beweise anzusehen sind, aber doch — kennt man die Zusammenhänge mit dem ominösen angeblichen Streckenbau nördlich des Baikalsees — eine gewisse Glaubwürdigkeit ausstrahlen.

Auf die Frage an den Waggonschaffner, ob der Rossija über Komsomolsk nach Chabarowsk fahre, erhielt ich die Antwort: »Komsomolsk sei Sperrgebiet und berühre die Strecke nicht.« Knapp, aber richtig beantwortet. Weitere Fragen schienen zwecklos. Während der Fahrt lernte ich aber einen Gesprächspartner kennen, der auch die deutsche Sprache leidlich beherrschte. Er war sowjetischer Eisenbahntechniker, der nach Fernost versetzt wurde und längere Zeit in der DDR als Soldat diente. All das ergab sich aber erst im Laufe des Gespräches.

Ich faßte Mut und fragte nach dem Vorhandensein der BAM. An dem, was er mir darauf antwortete, zweifelte ich keinen Moment, hatte ich ihn doch als einen sehr aufgeschlossenen und mit einem fundierten Fachwissen ausgestatteten Mann kennengelernt.

In kurzen Zügen umriß er die gewaltigen Schwierigkeiten bei der Trassenfindung und dem Bau von Brücken aller Größenordnungen, die bevorständen. Ganz zu schweigen von den Dammaufschüttungen durch Sumpfgebiete. 1968 sei die Strecke von der Lena bis zum Amur endgültig vermessen worden. Selbst mit Hubschraubern, Pferden und zu Fuß sei das eine Aufgabe gewesen, die viel Energie und hohes technisches Können aller Beteiligten verlangte. Aber nun, so sagte er, sei die Arbeit getan und die Bahnbauer selbst könnten ihre schwere Arbeit beginnen.

Bei meinem Rückflug von Chabarowsk nach Irkutsk hatte ich mir einen Fensterplatz auf der rechten Flugzeugseite reserviert und beobachtete bei gutem Wetter die Landschaft nördlich des Amurs. Unübersehbar ist die Taiga in ihrer Ausdehnung, durchzogen von unzähligen Wasserläufen und Seen. Sie wird durch Mittel- und Hochgebirge abgelöst, die noch dazu im Bereich des Dauerfrostbodens liegen.

Die vermessene Strecke von Ust-Kut bis Komsomolsk beträgt 3150 km. Es ist zu bezweifeln, ob die Sowjets vor dem Krieg überhaupt in der Lage gewesen wären, ein Bahnbauprojekt dieser Größenordnung zu verwirklichen. Abgesehen von den Kosten fehlten für Großbauobjekte in diesen Breitengraden ganz sicher die Erfahrungen. Die endgültige Bestätigung, daß die BAM nicht besteht, geht erstens aus einer amtlichen Mitteilung hervor, die 1970 folgendes beinhaltete: Zum größten Bauvorhaben des Verkehrswesens im Osten der UdSSR wird die Linie Baikal-Amur werden. Sie beginnt bei Ust-Kut am Ufer der Lena und wird nach 3150 km durch Taiga, Bergrücken, Sümpfe und Dauerfrostboden Komsomolsk am Amur erreichen.

Man kann den Baubeginn also auf das Jahr 1970 festlegen, was sich mit der Aussage der endgültigen Streckenvermessung von 1968 deckt. Die zweite amtliche Bestätigung geht aus einem Interview hervor, das der sowjetische Verkehrsminister Jewgeni Koshewnikow dem Korrespondenten der sowjetischen Wochenschrift gewährte. Auch hier heißt es wörtlich: »Von den großen Sichtobjekten kann ich Ihnen den Bau der Strecke Baikal-Amur nennen, die das Gebiet nördlich des Baikalsees, wo es Unmengen verschiedener Bodenschätze gibt, mit dem Amur verbinden soll. Der Bau wird für die Entwicklung des sowjetischen Fernen Ostens außerordentlich wichtig sein.

Somit dürften alle Aussagen westlicher Autoren über das Bestehen der Strecke widerlegt sein.

Was sind die Beweggründe der UdSSR, den Bau der BAM jetzt mit aller Macht voranzutreiben? Sind es wirklich nur die wirtschaftlichen Gründe die ausschlaggebend sind? Wenn man den Grenzverlauf der SU zur Volksrepublik China mit der Linienführung der Transsib verfolgt, wird einem deutlich vor Augen geführt, wie empfindlich diese einzige Verbindung in den Fernen Osten tatsächlich ist. Buchstäblich alles, was ein Land, Volk und Wirtschaft benötigen, rollt auf diesem Schienenstrang.

Schon eine einzige militärische Handlung kann unübersehbare Schäden anrichten. Fernverkehrsstraßen gibt es nicht, der Amur kommt als Schiffahrtsstraße nicht in Betracht und der Luftverkehr zählt nicht. Eine Bahnlinie ca. 600 km nördlich der Transsib ist zugegebenermaßen in der heutigen modernen Zeit sicher auch kein genügender Sicherheitsfaktor, aber die Sowjetunion besitzt nach Vollendung der Strecke gewisse strategische Ausweichmöglichkeiten.

Läßt man aber diese Gesichtspunkte beiseite, so hat der Verkehrsminister Koshewnikow recht, wenn er dem Bau dieser Linie große wirtschaftliche Bedeutung beimißt. Das mittelsibirische Industriegebiet erhält Zufuhr ungeheurer Mengen von Rohstoffen aller Art, so z. B. Kohle, Eisenerz, Edelmetalle, Buntmetalle und Holz. Außerdem wird das große Industrierevier um Komsomolsk einschließlich dem Hafen am Tatarensund (Pazifik) mit der Baikalregion enger verknüpft.

Die Bedeutung des Personenverkehrs dürfte auf dieser Strecke zweitrangig sein.

An erster Stelle steht der Gütertransport. Ein vorläufig eingleisiger Aufbau mit Vorbereitung für ein Zweitgleis genügt daher. Weitere Zweigstrecken nach Norden in Richtung Kamtschatka sind unrealistisch und daher nicht geplant. Dagegen könnte der Anschluß von Jakutsk an die BAM durch eine Zweiglinie in Jahrzehnten evtl. geplant werden. Die Großstadt Jakutsk selbst ist durch eine Fernverkehrsstraße mit der Transsibirischen Eisenbahn bei Newer verbunden. Die Massen- und Schwertransporte leitet die SZD per Bahn nach Ust-Kut, dem größten und südlichsten Lena-Flußhafen. Von dort gelangen die Güter mit dem Schiff nach Jakutsk. Die Hafenanlagen dieser Stadt sind neu aufgebaut und erweitert worden. In den Wintermonaten dient der Fluß als Lkw-Rollbahn. Der Bahnbau kann sicher als wünschenswert gelten, eine Notwendigkeit besteht momentan aber nicht.

Über die Baikal-Amur-Magistrale wurde seit Jahrzehnten viel diskutiert, dabei bildet sie wiederum nur das Teilstück einer Gesamtkonzeption, die die sowjetische Regierung ausarbeiten ließ. Das Großbauvorhaben heißt Nordsibirische Eisenbahn (Sewsib) und soll eine Generallinie vom Ural bis zum Pazifik bilden. Von Tawda über Tobolsk, Kolpaschewo, Belyjar, Abalakowo, Bogutschany, Ust-Ilim (zweites Angarakraftwerk) nach Ust-Kut bildet den ersten Teil dieser gewaltigen Magistrale von insgesamt 7300 km.

Es folgt die BAM mit der Streckenführung von Ust-Kut über die Lena Richtung Nordost in das Witintal, dann südöstlich an der Stadt Bodaibo vorbei bis Bambuka und Srednje Kalarskij. Von hier in das Niukschatal am Südhang des Stanowojgebirges entlang zum Seja-Staudamm.

Dann müssen die Streckenbauer das Turanagebirge überwinden, um die Schienen nach Urgal zu verlegen. Durch das Amguntal nach Komsomolsk und über den Amur nach Sowjetskaja Gawen bedeutet dann keine Arbeit mehr, liegen hier doch bereits die Schienen.

Nach amtlichen Mitteilungen soll die Bauzeit der Gesamtstrecke 19 Jahre in Anspruch nehmen. Im November 1966 begann der Bau der Strecke Ural-Baikal-See. Die Brücke über den Ob wird eine Länge von 3,5 km aufweisen. Um an mehreren Punkten mit dem Bau der SEW beginnen zu können, hat die SZD von der Transsibirischen Eisenbahn einige Stichbahnen nach Norden gelegt, die aber auch gleichzeitig wirtschaftlichen Zwecken dienen.

Von hier aus werden sich die Bautrupps nach Osten und Westen vorarbeiten. Außer dem Abschnitt Taischet, Bratsk, Ust-Kut und der 1945 gebauten vierhundert km langen Strecke Piwan Sowjetskaja Gawan (Flotten- und Fischereihafen) bestehen offiziell keine weiteren Strecken.

Amtlich dagegen geht jetzt endlich der Brückenbau von Komsomolsk über den Amur seiner Vollendung entgegen. Der Fährverkehr war für die SZD ein unerträglicher Zustand. In den Wintermonaten haben Gleisbaubrigaden über den zugefrorenen Amur Gleise verlegt, auf denen dann die Güter- und Personenzüge ohne Einsatz einer Fähre eine direkte Verbindung zwischen den beiden Ufern herstellten. Momentan dürfte die Amurbrücke das größte Bauwerk seiner Art in der UdSSR sein. Das Gründen der Pfeiler hat den Baufachleuten manche Schwierigkeiten bereitet, da der Grund des Amurs sehr lehmhaltig ist.

Die Bahnstrecke Chabarowsk-Komsomolsk wird rekonstruiert und mit einer modernen Signaltechnik ausgerüstet. Ein zweites Teilstück der BAM, das mit an Sicherheit grenzender Wahrscheinlichkeit bereits dem Verkehr übergeben wurde, ist die Strecke Urgal-Komsomolsk. Mit dieser Verbindung besteht ein Verkehrsviereck im Fernen Osten. Die Burejakohle ist für die Hochöfen von Komsomolsk äußerst wichtig. 1960 sollen bereits alle Tunnel und Brücken fertig gewesen sein, so daß 1965 spätestens aber Anfang der 70er Jahre die Strecke dem Verkehr übergeben wurde.

Bei dieser Betrachtung ist es interessant zu erwähnen, daß die Insel Sachalin durch keinen Damm, wie oft vermutet wird, Verbindung zum Festland hat. Dafür hat die SZD von Wanino (Festland) nach Cholmsk (275 km durch den Tatarensund) einen Eisenbahnfährverkehr eingerichtet. Das 125 m lange Fährschiff ist als Eisbrecher ausgebildet, so daß ein ganzjähriger Verkehr möglich ist.

Den Bau eines Dammes hat die Regierung zwar projektiert, aber vorerst zu den Akten gelegt. Er sollte 7 km lang und ca. 30 m hoch sein. Ein Schleusensystem hätte die Aufgabe, das Wasser des warmen Kuruschio in das Ochotskische Meer zu lenken, um dadurch eine Klimaänderung herbeizuführen. Kraftwerke und eine Damm-Eisenbahnlinie vervollständigen den Plan.

Die oft aufgeworfene Frage, ob die Sowjets bei solchen Bahnbauprojekten auch Strafgefangene einsetzen, vermag ich nicht zu beantworten. In früheren Jahren war der Einsatz wandernder Gefangenenlager von der arbeitstechnischen Seite aus zu rechtfertigen, da Erdarbeiten, das Verlegen von Schwellen und Schienen auch ungelernten und berufsfremden Menschen übertragen werden konnten. Heute, mit den modernen Maschinen und Geräten, die sich nur von Spezialisten bedienen lassen und einen vollmechanisierten Arbeitsablauf gewährleisten, bleibt der Einsatz von Strafgefangenen doch recht zweifelhaft. Außerdem dürfte die Organisation und Bewachung der Gefangenen den Sowjets zu kostspielig sein.

Wer kennt sie nicht, zumindestens dem Namen nach, die Transsibirische Eisenbahn. Wenn man den Ausdruck »Schlagader einer Nation« gebrauchen will, so kann er ohne Bedenken für diese Linie mit gebraucht werden. Die Bedeutung dieser Magistrale ist auch heute noch von eminenter Wichtigkeit.

Selbst eine Süd-, Mittel- und demnächst Nordsibirische West-Ost-Verbindung vermag daran nichts zu ändern. Wie ein Stahlband hält sie das Riesenreich zusammen und verbindet die größten Industriezentren und deren Städte in direkter Linie. Das ist der Punkt, warum diese Bahnstrecke auch in Zukunft immer an einer gewissen Überlastung leiden wird. Eigentlich müßte ihr, der Bedeutung entsprechend, eine eigene Schriftenreihe gewidmet werden, so interessant ist ihr Lebenslauf von Geburt bis zur heutigen Zeit.

Ein Großteil der Mitreisenden der Fernschnellzüge von Moskau nach Nachodka ist sich der Tradition dieser Stammstrecke nicht bewußt. Ein junger Russe sagte mir, die Transsib hat vielen Menschen beim Bau das Leben gekostet, hat Unmengen von Geldern verschlungen, viel Streit und Machtkämpfe ausgelöst und unterschiedliche Ansichten provoziert. Heute aber stellt sie sich als ein wirtschaftliches, verkehrstechnisches und strategisches Bauwerk erster Ordnung für die UdSSR dar. Ich konnte ihm nur zustimmen.

Die Planungen für diesen längsten Schienenstrang der Welt dauerten verhältnismäßig lange, ca. 40 Jahre.

Sibirien hatte dem russischen Reich nichts zu bieten. So bestand anfänglich auch wenig Interesse, verkehrstechnisch etwas zu unternehmen. Wenn man Westsibirien außer acht läßt, so stimmt das, zumindest auf wirtschaftlichem Gebiet. Strategisch sah die Lage wesentlich anders aus. In Petersburg hatte die Regierung das Erwachen Japans mit gemischten Gefühlen beobachtet. Auf der einen Seite schreckten die Kosten für die sibirischen Bahnpläne, andererseits konnte der unbewachte Hauseingang im Osten auf keinen Fall hingenommen werden.

So entschloß sich der Zar für einen Bahnbau. 1890 begann der Bau von mehreren Stellen aus, bis 1905 das Werk vollbracht war. Das letzte Stück der heutigen Transsibirischen Eisenbahn, die Ussuri-Bahn, bestand bereits. Sie verband die beiden wichtigsten Städte im Osten Chabarowsk und Wladiwostok. 1896 rollten die Züge endgültig, nachdem bereits 1894 ein provisorischer Betrieb eingeleitet war. Auch diese fernöstliche Strecke hatte nun einen Anschluß an das Mutterland.

Der gesamte Bahnbau im Fernen Osten hatte aber eine Achillesferse und das war der Abschnitt, der als Ostchinesische Eisenbahn bezeichnet wurde. Um die Kosten der Amurbahn zu sparen, entschloß sich die russische Regierung, um eine Bahnbaukonzession in China nachzusuchen. Die Pachtzeit sollte 80 Jahre betragen. Durch diese Linienführung schlugen fast 600 km Bahnstrecke weniger zu Buche. Von 1897 bis 1904 dauerte der Bau. Die Boxeraufstände verzögerten immer wieder die zügigen Arbeiten an Brücken und Tunnels.

Mit der durchgehenden Linie Moskau-Wladiwostok und den Stichbahnen nach Port Arthur und Dairen hatte Rußland wenig Glück. Die Schlacht von Tsuschima 1905 brachte Japan einen gewaltigen Sieg über Rußland ein und Landgewinne auf chinesischem Boden.

Nun griff man die alten Pläne der Amurbahn wieder auf und vollendete sie 1916. Zwischen 20 und 120 km Abstand zur chinesischen Grenze verläuft heute endgültig die berühmte Transsib.

Meine Betrachtungen eilen etwas voraus. Es ist noch erwähnenswert, daß die Städte Ufa, Tscheljabinsk, Omsk und Nowosibirsk durch die Westsibirische und der Abschnitt Nowosibirsk-Irkutsk durch die Zentralsibirische Eisenbahn verbunden wurde.

Das größte bahntechnische Hindernis war der Baikalsee mit seinen schroffen Uferfelsen. Bis 1904 regelten Fähren das laufende Verkehrsaufkommen, dann endlich konnten die Züge das Südufer durch eine imposante Tunnelstrecke umrunden.

Eine Reise mit der Transsibirischen Eisenbahn muß bis 1914 in jeder Hinsicht ein einmaliges Erlebnis gewesen sein, das sich nur eine privilegierte Schicht erlauben konnte.

Die Nachkriegszeit stellte mit dem sich langhinziehenden Bürgerkrieg eine schreckliche Episode für die Gesamtbahn Ural-Pazifik dar. Japaner, Amerikaner, die zurückkehrenden Tschechen, die Verbände Kolschaks sowie der Roten Armee lieferten sich Gefechte bis 1921. Dann endlich hatte Lenin durch Trotzki Ruhe im eigenen Land.

Der wirtschaftliche Aufschwung in den 30er Jahren veranlaßte die Sowjets, mit allen Mitteln die Transsibirische Eisenbahn zweigleisig auszubauen. 1939 konnten die Arbeiten abgeschlossen werden und bedeuteten eine vorläufige Entspannung des gesamten Verkehrsaufkommens in dieser Region.

Nach der Erschließung des Kusbas richtete die SZD einen Pendelverkehr zwischen dem alten Bergbaugebiet Ural und dieser neuen Industrieeinheit ein. Man tauschte hochwertige Kohle und Erze untereinander aus.

Der Erfolg war, daß die gerade ausgebaute Transsibirische Eisenbahn wieder überlastet war. Auch die Karaganda-Kohle sollte in diesen Kreislauf mit einbezogen werden. Kurze Bahnabschnitte, weiter südlich verlegt, hätten nur bedingt Abhilfe geschaffen. So entschloß sich die Regierung zum Bau der Jussib (Südsibirische Eisenbahn).

Wieder mußte eine Entfernung von 4000 km überbrückt werden. Die Ende der 60er Jahre fertiggestellte Linie verläuft von Wjasowaja am Südural bis Taischet in Ostsibirien. Dabei berührt sie die Städte Magnitogorsk, Kartaly, Zelinograd, Barnaul und Abakan. Ein enormes Wirtschaftsgebiet (Nordkasachstan) war so erschlossen.

Der Abschnitt Abakan-Taischet durch das Sajangebirge mit vielen Flüssen, Schluchten und Bergen verlangte den Bahnbauern bei ihrer Arbeit Geduld und Ausdauer ab. Übrigens ist die Jussib zu zwei Dritteln elektrifiziert.

Eine wichtige Ergänzungsstrecke befindet sich Anfang der 70er Jahre im Bau um die Südsibirische Eisenbahn direkt an das Wolgagebiet anschließen zu können. Das bedeutet rund 500 km verkürzter Weg nach Zentralrußland. Der 256 km lange Abschnitt verbindet die Station Tschitschma und Belorezensk. 250 Brücken und Tunnel müssen gebaut, 2 Millionen t Felsen gesprengt und 15,6 Millionen cbm Erde bewegt werden.

Eine dritte Linie, die Mittelsibirische Eisenbahn, von Tscheljabinsk, Kustanaj, Ksyl-Tu nach Barnaul mit vielen Querlinien stellt heute ein günstiges Infrastrukturgerippe im westsibirischen Landstrich dar.

Wenden wir uns dem Süden der Sowjetunion zu mit seinen hohen Gebirgen und den endlosen Wüsten. Dieser Landstrich ist absolut nicht unfruchtbar, wie man glauben möchte. Die Sowjets haben hohe Investitionssummen in Bewässerungssysteme aller Größenordnungen gesteckt. Den Nutzen können sie heute verbuchen.

Leider hatte ich keinen angenehmen Aufenthalt in Alma Ata, muß aber bestätigen, das diese Stadt mit zu den schönsten der Sowjetunion gehört. Schon der Name »Vater des Apfels« besagt, daß der Landstrich zwischen den Fünftausendern des Ala-Tau-Gebirges und den Wüstenstrichen mehr als fruchtbar ist. Das ganze Jahr über reift viel Wein und Obst aller Sorten. Diese Zone erstreckt sich über Taschkent bis nach Buchara.

Die Turkmenische Baumwolle ist weltbekannt und hat ihren Wert erst durch den Bahnbau im Süden ausspielen können. Diese Kriterien waren beim Bau der Transkaspischen Bahn zwar nicht ausschlaggebend, sondern nur strategische Gesichtspunkte. Von 1881 bis 1899 dauerte das Legen der Schienen von Krasnowodsk bis Taschkent. Störend wirkte das Umladen und transportieren der Fracht (Bahn-Schiff-Bahn) über das Kaspische Meer. Ab 1962 besteht ein leistungsfähiger Fährverkehr, der das Umladen der Güter erübrigt.

Der Inselbetrieb endete mit dem Bau der Strecke Orenburg-Taschkent (1700 km). 1906 konnten die ersten Züge den Süden des Reiches erreichen. Durch die Wüsteneisenbahn, die den Aralsee östlich umfährt, konnten die Güterströme zeit- und kostensparend zwischen Nord und Süd transportiert werden.

Von der zaristischen Regierung geplant, von den Sowjets aber ausgeführt, gilt die Turkistan-Sibirische-Eisenbahnlinie (heutige Bezeichnung ist Kasachische Eisenbahn). Es war nach der Revolution das erste größere Bahnbauprojekt der SU.

Zwischen 1926 und 1931 gebaut, verband sie die mittelasiatische Eisenbahn mit der »Transsibirischen«. Dazu gehörte der Anschluß oder die Verbindung der Städte Taschkent, Alma-Ata, Aktogai und Semipalatinsk.

Bei den Flügen von Nowosibirsk nach Alma-Ata 1968 und Hongkong-Taschkent-Kopenhagen 1970 hat mich der herrliche Anblick der weiten Wüstenstriche mit den Sanddünen und dem einmalig schönen dunkelblauen Wasser des Balchasch- und des Aralsees beeindruckt. Es verdeutlichte mir aber auch, welche Schwierigkeitsgrade die Bahnbauer in diesen Gebieten zu überwinden hatten.

Kurz vor dem Zweiten Weltkrieg und im Anschluß daran bis 1953 baute die SZD die 3. Linie, die Zelinograd und Berlik verbindet. Eine Querlinie führt zu dem heutigen Raketenversuchsgelände Baikonur.

Als 4. und letzte Direktlinie Zentralrußland-Mittelasiatische Republiken ist die Strecke Makat-Tschardshou im Bau, d. h. nur noch das Stück Kungrad-Makat (400 km). Nach amtlichen Mitteilungen soll sie 1975 dem Verkehr übergeben werden.

Ihr Bau ist wahrscheinlich zurückgestellt worden, da die SZD den noch wichtigeren Abschnitt Makat-Usen (880 km) verwirklichen mußte. Mangischlak heißt das Zauberwort. Die Halbinsel birgt ungeheure Öl- und Gasvorräte unter den Sanddünen, die vorrangig erschlossen werden mußten.

Das mittelasiatische Eisenbahnnetz umfaßt 1973 rund 6000 km. Wenn in meiner Betrachtung nur die Hauptlinien erwähnt werden, so bestehen natürlich auch noch wichtige Gebirgsstrecken, wie die Verbindungen Mery-Kuschka, Samarkand-Karschi-Duschambe und Samarkand-Leninabad-Tasch-Kumyr-Karasu. Mit der Aufzählung aller wichtigen Hauptstrecken sollte dieses Kapitel schließen.

Trotzdem möchte ich noch über eine interessante Neubaustrecke berichten. Gemeint ist die zweite Transkontinentale Eisenbahnlinie Moskau-Peking über Kujbyschew-Ufa-Karaganda-Karagaili-Aktogai-Drushba (Grenzbahnhof)-Urumtschi-Lantschou-Paotou-Peking. Auf beide Länder verteilt sich gleichermaßen der Streckenanteil, wobei die Bahnbauer der Volksrepublik China nach 1956 den größten Teil des chinesischen Abschnittes erst bauen mußten. Die geographischen Gegebenheiten Sinkiangs von Lantschou bis zur Grenzstation sind von Schwierigkeiten aller Art geprägt, die ein zügiges Bauen vereiteln. Um so erstaunlicher war die Bauzeit von ca. 10 Jahren. Politische Spannungen blockieren aber bis heute die Fahrt der Züge auf dieser Linie.

Eine Glanzleistung russischer Ingenieure stellt die 800 km lange Linie Tjumen-Surgut dar, ebenso die Parallellinie Ivdel-Sergini (370 km) am Ob. Am 23. Oktober 1967 verkehrten die ersten Züge zwischen Tjumen und Tobolsk (200 km).

Im europäischen Rußland bestehen keine großen Bahnbauvorhaben, sieht man vom Legen der Parallelgleise ab.

Eine Neubaustrecke von 1524 mm Spurweite in das tschechoslowakische Nachbarland ist noch erwähnenswert. Sie wurde 1966 eröffnet, ist 88 km lang und verbindet die Orte Kabusani und Haniska. Die Linie enthält 69 Weichen und ist eine reine Industriebahn. Es verkehren auf ihr Erzzüge mit 3600 t. Sie wird von SZD-Diesellokomotiven bedient.

Eine ebenfalls durch benachbarte Länder führende Breitspurstrecke, nur für den Güterverkehr gedacht, möchte die Sowjetunion verwirklicht sehen. Die Prawda machte am 17. 9. 1971 den Vorschlag, eine Linie von Brest durch Polen, der DDR nach Norddeutschland zu verlegen. Endpunkt soll der Tiefwasserhafen Neuwerk sein. Die doppelgleisige Strecke soll mit 25 kV, 50 Hz elektrifiziert werden. Kostenpunkt ca. 3,6 Milliarden DM (kalkuliert im Jahr 1973).

Utopie oder Zukunftsmusik? Das bleibt dahingestellt. Für die russische Wirtschaft vielleicht ein Gewinn. Überseefrachten könnten mit Superschiffen in einen eisfreien Hafen transportiert und direkt auf einer Schnellfahrstrecke befördert werden. Auch Im- und Exportgüter könnte die Strecke ohne Umspurung übernehmen und dem Mutterland zuführen.

3. Kapitel

Die Zulieferwerke der Bahn und ihr Programm

Wie in allen Industrieländern mit einem umfangreichen Eisenbahnnetz, so hat auch die Sowjetunion eine heute recht gut ausgebaute und leistungsfähige Zulieferindustrie. Vielfach sind es Firmen, die nicht ausschließlich eisenbahnorientiert ihre Erzeugnisse herstellen. Sie alle zu erfassen ist nicht möglich und sicher auch nicht interessant zu lesen.

Eine Programmergänzung findet diese Industrie in den Ländern für gegenseitige Wirtschaftshilfe, Comecon, und zum Teil im westlichen Ausland. Prinzipiell sei aber an dieser Stelle gesagt, daß die sowjetische Industrie absolut in der Lage ist, das überaus große Bahnnetz des Landes mit Gütern und allen erforderlichen Ausrüstungen beliefern zu können. Diese Tatsache kann nur der ermessen, der weiß, wie schnell der technische Fortschritt auf allen Gebieten der Infrastruktur in den letzten Jahren fortgeschritten ist und wie klein im Grunde genommen die Ausgangsbasis dieses Industriezweiges in Rußland nach 1917 ja selbst nach 1945 war. Vor allem die Lokomotivbauanstalten, die 1957 den Dampflokbau einstellen und vollkommen gegensätzliche und neue Traktionseinheiten konstruieren und bauen mußten, hatten einen arbeitsreichen und nicht immer glatt verlaufenden Zeitabschnitt zu überbrücken. Es mußten Erfahrungen gesammelt und die Produktionsanlagen von der Schmiede bis zur Presse umgestellt werden. Die Zulieferindustrie galt es neu zu orientieren bzw. aufzubauen. Eine Arbeitsteilung aus Rationalisierungsgründen und Kostenersparnis mußte seitens der Ministerien organisiert und ins Leben gerufen werden.

Heute in den 70er Jahren sind viele dieser Anfangsschwierigkeiten vergessen. Die SZD, das kann jeder aufmerksame Reisende beobachten, erhält heute Ausrüstungen aller Art in guter Qualität und ausreichender Menge. Es liegt nun an der Eisenbahn selbst, diese von der Industrie gelieferten Erzeugnisse schnellstens in den Transportablauf und den Strecken selbst einzubauen.

Der Nachholbedarf und die Neuplanung stellen enorme Forderungen dar, zumal die Industrie und die Neulanderschließung rapide wachsen. So sollen z. B. die sowjetischen Waggonbauer in der Zeit von 1971 bis 1975 rund 420 000 bis 430 000 Güterwagen herstellen. Im wesentlichen Fahrzeuge hoher Tragfähigkeit in Ganzmetallausführung und mit Rollenlager. Das ist ein von der Regierung gefordertes und abgegrenztes Ziel, das viel Planung, Arbeit und Koordination verlangt.

Die Zulieferindustrie wird sich mit dieser Produktionsanforderung auseinanderzusetzen haben. Großzügige Investitionen und Rationalisierungsprogramme, wie Fertigungsstraßen, intensive Auslastung der einzelnen Herstellungsbereiche, kooperatives Planen, gezielte Konstruktion von der Lokomotive bis zum Spezialwaggon sind von der Regierung geplant und beschlossen worden. Man weiß genau, daß das Riesenland mit den großen Entfernungen zwischen den einzelnen Industriezentren einerseits und den Rohstoffquellen andererseits nur aufgebaut und entwickelt werden kann, wenn das Verkehrsnetz in den nächsten Jahren erweitert und großzügig modernisiert wird.

Im 18. und 19. Jahrhundert entstand nicht nur in Westeuropa, sondern auch in Rußland der Grundstock einer Schwerindustrie. Wenn auch die Schienenbahn bereits erfunden war, so gelang doch der Durchbruch zu einer leistungsfähigen Eisenbahn erst mit der Erfindung der Dampfmaschine. Pionierland war England. Auch Rußland bezog das nötige Eisenbahnmaterial in den Gründerjahren aus diesem Land. Aber bald schon erwachte der Wunsch, möglichst viel im eigenen Lande herstellen zu können. Wenigstens der Lokomotiv- und der Waggonbau sowie das Schienenmaterial rangierten dabei an erster Stelle. Russen deutscher Abstammung und deutsche Ingenieure waren es, die die ersten russischen Lokomotiven bauten. Diese Tradition der menschlichen und technischen Zusammenarbeit hat sich bis in die heutigen Tage fortgesetzt, unterbrochen nur durch die Kriegs- und Nachkriegszeit.

Wie so oft, haben sich Betriebe des Lokomotivbaues angenommen, die auch Rüstungsgüter, vor allem schwere Waffen herstellten. Die Gründe dafür liegen in den Werkzeugausrüstungen sowie in den enormen Gießereikapazitäten, die man gerade für den Lokomotivbau, in früheren Jahren, benötigte. Ob der Bau von Lokomotiven im Gegensatz zur Waffenherstellung lukrativ war und ist, kann wohl bezweifelt werden, zumindest konnten die Firmen aber ihre Kapazitäten zeitauslasten.

So hat auch die 1801 in St. Petersburg von Putilow (1770–1850) gegründete Waffenfabrik 1894 den Lokomotivbau aufgenommen. Sie war seinerzeit die größte Waffenschmiede des zaristischen Rußland. Erwähnenswert ist noch die Tatsache, daß Lenin das Putilow-Werk mehrmals vor den Ereignissen 1917 besucht hat, um mit der Arbeiterschaft den »Kampfbund zur Befreiung der Arbeiterklasse« zu gründen. Nach den Revolutionskämpfen, an denen sich selbstverständlich die Arbeiter des Werkes in vorderster Linie beteiligten, war das Putilow-Werk der erste Betrieb des Landes, der nationalisiert wurde. 1934 erhielt das Werk den Namen Kirow, nach dem Mitglied des Politbüros des Zentralkomitees der KPdSU. Im Zweiten Weltkrieg bei der Belagerung Leningrads hatte das Kirow-Werk schwere Beschädigungen und Menschenleben zu beklagen. Vorrangig wurden die Schäden beseitigt und das Werk auf neue Produktionszweige umgestellt!

Eine ganz andere Firma, die im Lokomotiv- und Waggonbau einen hervorragenden Ruf bis in die Gegenwart genießt, ist die Lokomotivfabrik von Kolomna, die in der gleichnamigen Stadt ca. 160 km südöstlich von Moskau beheimatet ist.

Die Gebrüder Armand und Gustav Strube, geboren 1834 und 1835, können als die Gründer der Lokomotivwerke in Kolomna gelten. Ihr Vater war im zaristischen Rußland Badischer Gesandter. Die Brüder waren schon in jungen Jahren zu Studienzwecken in Nordamerika gewesen. Durch ihr umfassendes fachliches Wissen und ihr Organisationstalent hatten sie sich einen hervorragenden Namen geschaffen. Armand, der ursprünglich Brücken baute, hat mit seinem Bruder die Werkstatt 1865 so aufgebaut, daß im Mai 1869 die erste russische Dampflokomotive die Werkhalle verlassen konnte.

Die Angestellten der damaligen Zeit im kaufmännischen wie im technischen Bereich waren fast ausschließlich Deutsche. Das Werk wurde in eine Aktiengesellschaft umgewandelt und entwickelte sich bis 1914 zu einem der größten Schwerindustriebetriebe Rußlands.

Mehr als 160 Lokomotiven und 3000 Waggons verließen bis 1900 das Werk. Das Lieferprogramm umfaßte außer Lokomotiven, Personen- und Güterwagen, auch Straßenbahnwagen sowie Dieselmotoren und Flußschiffe.

Zwei Namen sind mit dem Werk Kolomna eng verknüpft. Es sind dies der Chefkonstrukteur Karl Gerstung, der von 1872 bis 1909 das Konstruktionsbüro leitete. Er war ganz allgemein gesehen der Stammvater der russischen Dampflokomotive. Sein Nachfolger war Dr.-Ing. Felix Meinecke, der bis zum Ersten Weltkrieg in Kolomna tätig war und zum Schluß eine Professur an der TH Berlin für den Lehrstuhl Eisenbahn-Maschinenbau innehatte. Neben Vollbahnloks widmete er sich vor allem der Konstruktion von Nebenbahn- und Kleinbahnmaschinen.

Nach 1917 ging das Werk in Staatseigentum über. In den schwierigen Revolutionstagen kam der Bau von Lokomotiven fast ganz zum Erliegen.

1920 vergab die sowjetische Regierung einen Auftrag nach Schweden und Deutschland. Es handelte sich um den bewährten Fünfkuppler der Klasse E. Auch heute trifft man noch in einzelnen Rangierbahnhöfen diese typisch russische Lok. 1968 konnte ich in dem großen Rangierbahnhof Perm (Ural) diese Maschinen in größerer Stückzahl sehen. Den Streckendienst versahen E-Loks, die oben genannten Maschinen den Rangierdienst. Insgesamt wurden 12 000 Maschinen importiert. Für die damalige Zeit ein ungewöhnlicher Auftrag, da die Zahlungsmittel von der Regierung sparsam und zweckbringend eingesetzt werden mußten, herrschte im Lande doch zu jener Zeit eine schwere Hungersnot, die die Geldreserven zum großen Teil für Lebensmittelimporte beanspruchte.

Lenin hatte aber die Lage des Landes richtig eingeschätzt, indem er dem Verkehrsträger Bahn den Vorrang einräumte. Nicht nur die Wirtschaft und die Landwirtschaft mußten in Gang kommen, sondern auch die militärischen Bereiche verlangten hohe Transportkapazitäten, da sich die Kämpfe mit Koltschak bis Anfang der 20er Jahre hinzogen.

Die Lokomotivfabrik in Kolomna mit dem ihr nun verliehenen Namen WW Kujbyschjew hatte zum Teil ihr Fachpersonal verloren und mußte mühsam und teilweise mit wenig Erfolg einen Neubeginn wagen, vor allem, was die Konstruktion von Lokomotiven betraf. Neben Güterzuglokomotiven galt es besonders für den Personenzugverkehr neue Einheiten zu bauen.

Eine ebenfalls traditionsreiche Lokomotivfabrik aus den Gründerjahren ist das Werk Woroschilowgrad (Lugansk). Im Schwer-Industriegebiet Donezbecken liegt die gleichnamige Stadt mit ca. 350 000 Einwohnern. Die Firma wurde 1896 gegründet. 1897 betrug die Belegschaftsstärke schon 4000 Angestellte und Arbeiter. Weit über 1000 Lokomotiven verließen bis zum Ersten Weltkrieg die Hallen.

Schon während der Zarenzeit bildeten sich Betriebszellen der kommunistischen Partei. So kann das Werk mit Recht zu den Keimzellen der späteren Revolution gerechnet werden. Kein anderer als der Heer- und Parteiführer Clemens G. Woroschilow, der um 1903 in dem Werk arbeitete, organisierte und förderte den revolutionären Gedanken unter der Arbeiterschaft. Ihm zu Ehren wurde die Stadt Lugansk umbenannt.

Wie in der Sowjetunion üblich, erhielt das Werk auch viele Auszeichnungen, unter anderem 1947 den Lenin-Orden. Heute trägt das Werk den Namen »Oktoberrevolution«.

Es ist wenig bekannt, daß so ausgezeichnete Betriebe als absolute vorzugs- und förderungswürdige Werke gelten, das betrifft die Ausrüstung mit Maschinen, Neubau von Produktionsstätten, Förderung der Wohnungsbauprogramme, soziale Leistungen aller Art und eine Personalpolitik, die sich sehen lassen kann.

Im Zweiten Weltkrieg sank das Werk in Schutt und Asche und nur dem Aufbauwillen der staatlichen Institutionen, der Betriebsangehörigen und nicht zuletzt auch vieler Kriegsgefangener ist es zu verdanken, daß diese traditionsreiche russische Fabrik heute über 30 000 Werksangehörige beschäftigt. 1956 gab man auch hier den Dampflokomotivbau auf und spezialisierte sich auf den Diesellokbau. Alle schweren Normalspurloks, für das sozialistische Lager zum Beispiel, haben hier ihre Geburtsstätte.

Ein weiteres bekanntes Diesellokwerk ist die Firma W. A. Malischew in Charkow. In Kooperation mit dem Elektrojaschmaschwerk, das die Entwicklung und Fertigung der elektrischen Ausrüstung der Diesellokomotiven übernahm, gelangen dem Werk gerade in den letzten Jahren mehrere gute Lokkonstruktionen. Andere Werke spezialisierten sich auf Rangierlokomotiven (Brijansk) und Schmalspurloks (Kaluga).

Wie in Amerika, so gab man auch in Rußland der Diesel-Elektrischen Version den Vorrang. Man wollte aber auch die Kraftübertragung mittels Strömungsgetriebe erproben und die Vor- und Nachteile abwägen. Zu diesem Zweck hat die Lokomotivfabrik Leningrad die Konstruktion und den Bau solcher Lokomotiven übernommen. An dieser Art von Kraftübertragung scheint man aber in der Sowjetunion kein rechtes Gefallen zu finden. So dürften die schon gebauten Serien nur Einzelerscheinungen bleiben, zumal sich in der elektrischen Kraftübertragung mit Drehstrommotoren, gespeist durch Impulsgleichstrom, große Möglichkeiten ergeben.

Der Ursprung der Elektrolokproduktion ist bei den Dynamowerken und den Werken von Kolomna zu suchen. Mit der WL 19 kam für die damalige Zeit (30er Jahre) eine recht gute und leistungsfähige Maschine zum Einsatz. Man kann diese Gattung als die Mutter aller russischen E-Loks bezeichnen.

Zwei große Werke haben sich auf dem Sektor Elektrolokomotivbau spezialisiert, nachdem aus rationellen und betrieblichen Gründen Kolomna und Dynamo sich nicht weiter mit Großserien belasten konnten. Es ist dies das Budjonywerk von Nowotscherkassk am Don bei Rostow und das Leninwerk in Tbilissi im Kaukasus. Hier sind die Geburtsstätten der bekannten und bewährten Maschinen der H 8-, WL 60-, WL 80-, EG 1701-Serien, um nur wenige herauszugreifen.

Der Großserienbau von Dieselloks begann schon in den 50er Jahren, da sich die Firmen der Dampflokproduktion ausrüstungsmäßig schneller umstellen konnten. Der komplizierte Elektrolokomotivbau verlangte die Neugründung von Werken und der Zulieferindustrie. Daher konnte das Werk in Tbilissi die ersten Serien von SZD-Neubauloks erst im Laufe des Jahres 1961 ausliefern.

Man nennt die Balten und die Leningrader nicht zu Unrecht die Mechaniker der Sowjetunion, denn alle Erzeugnisse aus diesen westlichen Randstaaten haben einen guten Ruf.

Wer den Pavillon der Sowjetunion in Leipzig oder auf der Weltausstellung in Osaka aufmerksam durchschritten hat und sich die Konsumgüterproduktion vom Fernseher über Plattenspieler bis zum Telefon einmal näher betrachtet hat, wird erstaunt sein über die Qualität dieser Erzeugnisse. Viele branchengleiche Betriebe der östlichen Sowjetunion können da bei weitem einem Vergleich nicht standhalten.

Der bedeutendste und bekannteste Hersteller von Schienenfahrzeugen ist in dieser Region die Waggonfabrik Riga. Das Programm ist vielseitig und umfaßt Diesellokomotiven, Spezialwaggons, vor allem Triebwagen in Diesel- und elektrischer Ausführung. Ein nicht geringer Teil der Produktion geht in den Export, so z. B. nach Bulgarien, wo heute Triebwagen im Bäderdienst am Schwarzen Meer bei Varna verkehren.

Die Weitstreckenwagen für den Personenverkehr, vor allem Sonderkonstruktionen für den Schnellfahrverkehr bauen die Waggonbauer von Kalinin. Hier hat man auch Versuchsmuster, die den härtesten Zerreißproben ausgesetzt wurden, hergestellt. Der Eigenbau von Personenwagen ist im Verhältnis zum Import dieser Fahrzeuge aus der DDR und Polen jedoch als gering zu bezeichnen. Diese Tatsache verhält sich beim Bau von Güterwagen umgekehrt. Hier wird nur der geringste Teil als ausgesprochene Spezialfahrzeuge oder -züge importiert. Der wohl größte Güterwagenproduzent ist das Werk von Tscherschinsk im Ural. Im Produktionsprogramm stehen seit den 30er Jahren hauptsächlich Vierachser, Flach- und Hochbordwagen sowie gedeckte Wagen. Das Werk wurde schon vor dem Zweiten Weltkrieg reorganisiert und auf modernste Fertigungsmethoden (zumindest für die damalige Zeit) umgestellt.

Die Vier-, Sechs- und Acht-Achser haben hier eine dauernde Verbesserung seit der Produktionsaufnahme erfahren. Leider ist über die Produktionszahlen dieses Werkes kein Material greifbar. Man kann aber annehmen, daß pro Jahr zwischen 40 000 und 50 000 mehrachsige Güterwagen das Werk verlassen. Jeder dritte Güterwagen der SZD wird nach eigenen Angaben hier hergestellt. 1973 rollten die ersten vierachsigen Leichtmetallwagen vom Fließband. Durch die Verwendung von Aluminium haben die Fahrzeuge ein niedriges Eigengewicht bei gleicher Tragfähigkeit. Die Konstrukteure hoffen, daß die Schadanfälligkeit in jeder Hinsicht gemindert wird.

Ein interessantes Schwesterunternehmen ist Taschmasch von Schdanow im Donbass. Vor 25 Jahren konstruierten die Ingenieure erst kleine zweiachsige Behälterwagen. Heute gilt dieses Werk als größter Kesselwagenlieferant im Comecon, wobei gesagt werden kann, daß die Produktion fast ausschließlich der SZD übergeben wird. Das Werksgelände ist außerordentlich weitläufig und mit neuen Hallen ausgerüstet. Eine moderne Teilproduktion in Verbindung mit Hauptfließbändern ermöglicht die Herstellung von 25 verschiedenen Kesselwagentypen. Als letzte Produktionsneuheit kann ein achtachsiger Kesselwagen gelten, dessen Laufwerk dem gleichachsigen Hochbordwagen aus dem Ural entliehen ist. Verzinkte und mit Mipora verkleidete Wagen, sowie Typen für den Nahrungsmitteltransport und für die Petrochemie runden das Programm ab.

Die Kühlwagenproduktion wird von dem Brjansker Maschinenbauwerk wahrgenommen. Man beschränkt sich aber hier auf technisch einfachere Typen, um keine zweigleisige Produktion mit der DDR (Waggonbau Dessau) zu schaffen. Einige Waggonfabriken im Ural hatten während des Krieges zwangsläufig Rüstungsaufträge durchzuführen und mußten bis 1950 ihre Produktion auf rollendes Material umstellen. Dies trifft hauptsächlich auf die Güterwagenfabriken von Nischnij-Tagil im Ural zu. Außerdem wurden in dieser Zeit drei neue Werke zur Güterwagenfertigung aufgebaut und in den Produktionsablauf eingereiht. Weitere bekannte Firmen sind die Güterwagenhersteller von Krjokowo sowie die Waggonfabrik Mytistchi, die die Metrowagen für Moskau und Leningrad bauen.

In den 70er Jahren wollen die Sowjets auch in Ostsibirien mit der Produktion von Güterwagen beginnen. So entsteht in Abakan eine der größten Waggonfabriken des Landes. Jährlich sollen bis zu 20 000 Güterwagen produziert werden.

Im Zusammenhang mit der Lok- und Waggonbauherstellung haben die einzelnen Werke Kooperationsverträge abgeschlossen, die noch erwähnenswert sind.

Die Arbeitsteilung ist in der Sowjetunion wesentlich ausgeprägter als in den westlichen Ländern. Mit Erfolg kann die Planwirtschaft gerade an solchen großen Objekten den Hebel ansetzen. Die Zusammenarbeit westlicher Werke beruht hauptsächlich auf einer Kombination verschiedener Hersteller unterschiedlicher Branchen. In der UdSSR aber faßt man die Produktion gleicher Betriebe zusammen.

So stellt z. B. die Lokomotivfabrik Oktoberrevolution Laufwerke und Drehgestelle für Schwesterbetriebe her und nimmt gleichzeitig die Endmontage vor. Werke, die Diessellokomotiven bauen, versorgen gleiche Unternehmen mit Antriebsdieselmotoren unterschiedlicher Leistungen.

Kolomna und das Charkower Werk zählen zu den Großdieselherstellern der Sowjetunion. Die elektrische Ausrüstung für das Woroschilowgrader Werk produziert zum Teil der Elektromaschinenbau Lenin. Diese Verflechtungen haben sich nach anfänglichen Schwierigkeiten heute gut bewährt, zumal sich die Forschungsinstitute, wie Niitem, oder die Unionsforschungsinstitute für Eisenbahnwesen, Dieselzugförderung und Waggonbau der Firmen angenommen haben. Die Mithilfe solcher Institute bei Neuentwicklungen und Konstruktionen aller Art wird von der ganzen Industrie der Sowjetunion heute gefordert und gewünscht, entlastet sie doch die eigentlichen Produktionsbetriebe von gewissen Vorarbeiten.

Außerdem verfügen die Institute über reiche Erfahrungen auf einzelnen Spezialgebieten. Ebenso halten sie Kontakt zum Ausland, was den Herstellern gar nicht möglich ist. Zum Teil verfügen die Institute sogar über Konstruktionswerkstätten, die Einzelteile und Prototypen herstellen und erproben, ehe die fertigen Pläne zur Serienproduktion an den Auftraggeber gehen.

Die Schiene, das Sinnbild der Eisenbahn, wurde in den Gründerjahren aus England eingeführt. Nach und nach aber übernahmen russische Hüttenwerke die Herstellung. Dieser Industriezweig steht auf der Aus- und Aufbauliste auch heute noch an erster Stelle in der Sowjetunion. Wer mit dem Transsibirischen Expreß von Perm nach Swerdlowsk fährt, ist sichtlich beeindruckt von der Größenordnung der einzelnen Hochofenwerke mit den angeschlossenen Walzstraßen. Die Strecke führt durch eine einzige Industrielandschaft, die nachts durch den metallurgischen Arbeitsprozeß zum Teil hell erleuchtet ist.

Wenn auch der Ural nicht an Bedeutung verloren hat, so entstanden doch neue gewaltige Industriekomplexe, wie dem Donbass oder Kusbass.

Als Schienenhersteller erster Größenordnung gilt das Kombinat Asowstahl im Donbass, das für die SZD aber auch für den Export nach Frankreich, Japan und den Comecon-Ländern Bulgarien, DDR, Polen und der CSSR Schienen herstellt. Hauptsächlich schwere und schwerste Profile, verschleißfest gewalzt, gehören zum Herstellungsprogramm.

In Sibirien entstand vor dem Krieg bereits das Kusnetzker Hüttenkombinat, dem ein neues Werk für Roheisen, Stahl und Walzgut beigeordnet wurde.

In großen Schienenhallen lagern die Erzeugnisse zum Abtransport. Ein Drittel des Gleismaterials der SZD stammt aus diesem Werk, hauptsächlich für die Bahnstrecken in Sibirien und Kasachstan. So stammen z. B. die Schienen der Budapester U-Bahn ebenfalls aus Westsibirien.

Was wäre die heutige moderne Eisenbahn ohne das Signalwesen? Die Signalbauer aus Leningrad (übrigens das einzige Werk in der Sowjetunion) können von sich behaupten, ihr Soll in jeder Hinsicht zu erfüllen. Ich habe während meiner Reise kein einziges Formsignal mehr gesehen. Ob in Chabarowsk, in Bratsk oder Alma Ata, überall waren moderne Lichtsignale aufgestellt. Selbst in dem 1968 noch nicht rekonstruierten Bahnhof Tjumen, auf dem Weichensteller tätig waren, hatten Lichtsignale bereits einen festen Platz.

Das Signalwerk stellt alle für das Bahnwesen erdenklichen Einrichtungen in großen Stückzahlen selbst her. Das mit modernsten Produktionsmaschinen ausgerüstete Werk exportiert zum Teil seine Erzeugnisse in den sozialistischen Wirtschaftsbereich oder in Entwicklungsländer. So hat man der bulgarischen Staatsbahn bei der Ausrüstung vieler Strecken mit Signalanlagen und den dazugehörigen Informations- und Stellwerkseinrichtungen geholfen.

4. Kapitel

Herstellung, Arbeitsteilung, Im- und Export im Bahnwesen innerhalb des Comecon und dem westlichen Ausland

Wie bereits erwähnt, ist die Sowjetunion ohne weiteres in der Lage, alle festen und beweglichen Investitionsgüter des Eisenbahnwesens im eigenen Lande herzustellen nur mit dem entscheidenden Einwand, daß die technische Gesamtentwicklung der SZD bei weitem noch nicht den heutigen Stand erreicht hätte, ohne die Importe aus den Comeconländern.

Der verlorene Krieg und die Ausbreitung des sowjetischen Machtbereiches nach 1945 brachte der UdSSR reichen industriellen Gewinn ein. Große und bedeutende Firmen mit den größten technischen Erfahrungen auf allen Gebieten des Bahnwesens mit ihrem gut geschulten Ingenieur- und Facharbeiterstamm standen nun der Großmacht Sowjetunion zur Verfügung. Den Wert dieses Faustpfandes hatte man in Moskau frühzeitig erkannt und so wurden die Demontagen in diesen wichtigen Industriezweigen bald eingestellt und ganze Werke in sowjetischen Besitz übernommen.

Dies bezog sich hauptsächlich auf die Industrieunternehmen der damaligen sowjetischen Besatzungszone. Nach der Staatsgründung der DDR normalisierte sich das Verhältnis zur UdSSR zusehens und so gingen Firmen, wie der Waggonbau Ammendorf 1952 von sowjetischen in deutschen Besitz über.

Aus den Reparationszahlungen, die nicht nur die DDR zu tragen hatte, wurden Güterströme, die sich die Sowjetunion auch in späteren Jahren von allen Ländern östlich der Elbe durch Handelsabkommen weiterhin sicherte. Anfänglich trat bei diesen Geschäften die Sowjetunion als Rohstofflieferant auf, denn außer Kohle hatten die Lieferländer keine geeigneten Grundstoffe, wie etwa Erze, Holz und Öl. Auch war keine Hüttenindustrie, oder nur zum geringen Teil vorhanden.

Mit Vorrang bauten daher selbst Agrarstaaten unter großen Entbehrungen eine Schwerindustrie auf, die sie heute unabhängig nach außen macht. Nachdem die Sowjetunion ihre Eisenbahnindustrie zum großen Teil aufgebaut hatte, wurde der Wunsch wach, stärker in den Export einzusteigen. Das Gegenstück zur EWG und EFTA, die Comeconvereinigung der östlichen Industriestaaten, bot dafür den gewünschten Anlaß.

Nach anfänglichem Zögern der einzelnen Staaten, die um den Bestand eigener Industriezweige verbissen kämpften, reifte doch der Entschluß gewisse Kooperationsmöglichkeiten, eine großzügigere Arbeitsteilung und den geistigen Austausch wie Patente, Arbeitsmethoden und Organisationsschemen untereinander zu fördern und in die Tat umzusetzen.

So gab die DDR fast unbegreiflich für den Außenstehenden den Diesellokbau über 1800 PS auf, obwohl die Neukonstruktionen der V 180- und V 200-Serien sich hervorragend bewährten und universell einsetzen ließen, im Gegensatz zu den Importmaschinen, die nur streng getrennte Aufgabengebiete übernehmen können. Als positive Seite stellen die Beschlüsse, eine Spezialisierung und eine höhere Ablieferungsquote dar. All das ist ohne Zweifel zu mindestens in der Eisenbahnindustrie gelungen. Trotzdem machten gewisse Fertigungsengpässe den Import erforderlich, und zwar für das gesamte sozialistische Lager. So gilt von jeher in der Sowjetunion der planmäßigen Bereitstellung von Güterwagenfahrgestellen große Sorge. Schon vor dem Krieg standen in manchen Jahren große Mengen an Güterwagen ohne Fahrgestell auf Halde. Heute bezieht man Güterwageneinheitsfahrgestelle aus Japan.

Die DDR vergibt Großaufträge im Güterwagensektor an französische Waggonfabriken. Den Lokomotivbedarf können unsere östlichen Nachbarstaaten selbst restlos decken, sieht man von einigen Serien oder Einzelexemplaren ab, die vor allem die Sowjetunion bestellt, um neue Erkenntnisse des Auslandes zu erforschen und der eigenen Industrie Anhaltspunkte zu verschaffen.

Bei Henschel bestellte die UdSSR 1962 eine 4000 PS Diesellokomotive in einem Rahmen mit der Baureihenbezeichnung TG 400 01. Diese Maschine galt ohne Zweifel als Lehrstück für die sowjetischen Lokomotivbauer, denen die hydraulische Kraftübertragung zu jener Zeit noch Schwierigkeiten bereitete. Die SZD verlangte damals Höchstachslasten von 20,5 Mp, Höchstgeschwindigkeiten von 160 km/h und wie immer absolute Winterfestigkeit von plus 40° bis minus 40° Celsius.

Ein weiterer Auftrag ging in jenen Jahren an die Firma Krupp Essen und SSW Erlangen. Es waren zwanzig sechsachsige Elektrolokomotiven für das 25 kV, 50 Hz Wechselstromnetz der SZD. Die Baureihenbezeichnung lautete K 01. Auf der Strecke östlich von Nowosibirsk ziehen diese Lokomotiven schwerste Güterzüge bis zu 5000 Tonnen. Ihr Leistungsparameter lautet 4950 kW, 100 km Stundengeschwindigkeit, 52 Mp Anfahrtzugkraft bei einer Achslast von 23 Mp.

Eine französische fast gleichaussehende Co'Co'-Lok der Serie F zog unseren Rossija.

Diese Personenzugvariante erreicht eine Geschwindigkeit von 160 km/h, die aber in Sibirien nicht ausgefahren werden kann.

Eine Ausnahme bilden Jugoslawien und Rumänien, die ihren Lokomotivbedarf auch durch westliche Importe teilweise decken. Drei Länder haben sich in den letzten Jahren geradezu als Großlieferanten für die Sowjetunion herauskristallisiert.

Es sind dies die DDR, die CSSR und Polen. Ihr Exportprogramm und die Herstellerwerke näher zu beschreiben, dürfte für den Leser besonders interessant

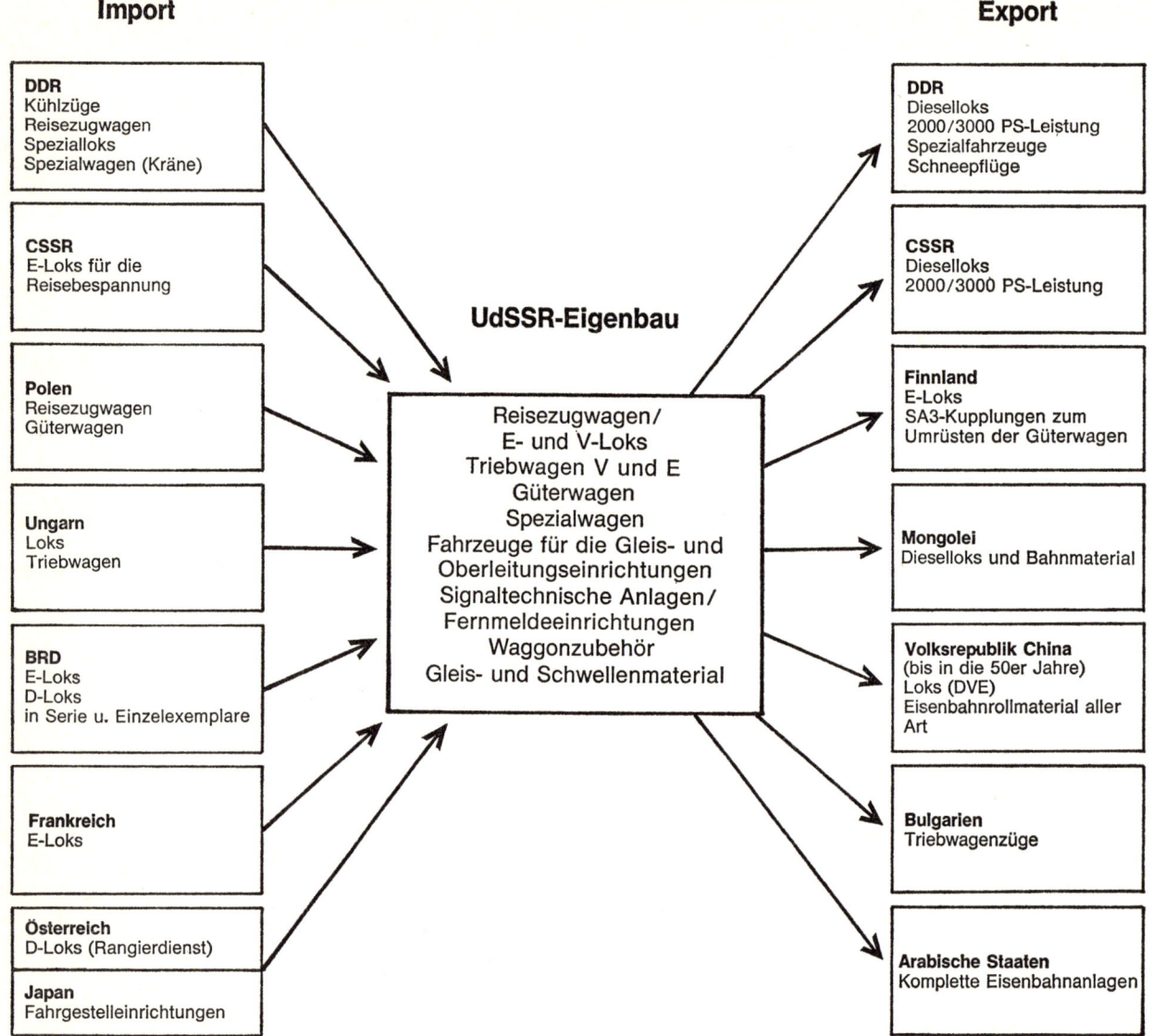

sein, zeigt sie doch ganz deutlich die Exportwünsche der SZD und die gelungene Arbeitsteilung innerhalb des Comecon.

Von sowjetischer Warte aus gesehen, ist und bleibt die DDR wichtigster Handelspartner, auch was den Bedarf an Eisenbahnmaterial betrifft.

Bei dem Einmarsch der Roten Armee und der späteren Besetzung der heutigen DDR hatte man zwei große Waggonfabriken für den Personenwagenbau, eine Firma, deren Programm Güter-, Personen- und Schnellbahnwagenbau umfaßte und zwei große Lokbauanstalten in seinen Verfügungsbereich gebracht. Ebenso mehrere kleinere Firmen, die aber weniger Bedeutung hatten.

Was diese Firmen an Aufbauleistungen, Umgestaltung der Produktionsprogramme und Sonderkonstruktionen nach 1945 vollbracht haben, ist mehr als bemerkenswert. Da dieser Industriezweig ein Schwerpunkt des heutigen Exports darstellt, kann die vorbehaltlose Neuausrüstung mit Maschinen, Materialien und Ausrüstungen aller Art nicht weiter verwundern. Alle Firmen faßte man in den Verband des Vereinigten Schienenfahrzeugbaues der DDR zusammen. Als Exporteur tritt der volkseigene Außenhandelsbetrieb Transportmaschinen Export-Import auf.

Hier werden alle Exportwünsche bzw. Importwünsche des Auslandes mit den Firmen abgesprochen und koordiniert. Gut 75 Prozent der Fertigung gehen in den Export nach Rußland, der Rest verteilt sich auf den Eigenbedarf und in Drittländer. Für die Sowjetunion baut die DDR gemäß der Arbeitsteilung innerhalb der Comecon Kühlzugeinheiten der verschiedensten Konstruktionen, alle Arten von Reisezugwagen, Lokomotiven für Industrie und Bergbau sowie Schwerlastkräne und im kleinen Umfang Sonderkonstruktionen.

Als erster Betrieb soll der VEB-Waggonbau Dessau vorgestellt werden, der vor einigen Jahren seinen 75. Gründungstag feiern konnte. Dieses Werk ist ohne Zweifel der führende und größte Produzent von Eisenbahnkühlwagen und -zügen. Es ist kein leichter Weg gewesen, den die Betriebsangehörigen in den letzten Jahrzehnten gehen mußten. Das betrifft nicht so sehr das Produktionssoll, die Aufbauleistung und die Qualität, die von jeher diesem Werk zu eigen war, sondern vielmehr die vollkommen fremde Materie mit der man sich befassen und auseinander zu setzen hatte.

Problemlose Kühlung über weite Strecken lautete der Groß- und Dauerauftrag aus der Sowjetunion.

Im März 1895 wurde der Betrieb in Dessau gegründet. Man baute, wie viele Betriebe in der Gründerzeit, alles was an Aufträgen kam. Von Diesel- und Elektrotriebwagen bis zum Güter-, Personen- und Schnellbahnwagen über U-Bahn-Züge bis zur Lokkonstruktion für Bahn und Industrie spannte sich der Bogen aller Konstruktionsvarianten.

Während des Zweiten Weltkrieges erlitt das Werk Totalschaden, was übrig blieb war ein Trümmerfeld. Wer heute durch Dessau zur Leipziger Messe fährt und an dem Werksgelände vorbeikommt, sieht keine Spuren dieser unglückseligen Zeitepoche mehr.

Das neue und größte Problem der beginnenden Kühlwagenproduktion war das Vertrautmachen mit einem maschinellen Kühlprozeß, der möglichst wartungsfrei über große Strecken dauerhaft funktionieren sollte.

Sogar fahrbare Gefrierfabriken gab die SZD in Auftrag. Man kannte zwar Eiskühlwagen herkömmlicher Art, konnte aber sonst auf keine vorhandenen Konstruktionen zurückgreifen. So mußten die Konstrukteure des VEB-Waggonbau Dessau ganz neue Sonderkonstruktionen ausarbeiten und zur Serienreife entwickeln. Jahrelange Arbeit spiegelte sich in den einzelnen Entwicklungsetappen wieder und so stehen heute Kühlzüge für den Export zur Verfügung, die den Bahngesellschaften im Westen nicht geläufig sind.

Nun aber fahren Kühlwagen und Kühlzüge im gesamten Osten von der Volksrepublik China bis zur DDR.

Mußten Kühlwaggons in früheren Jahren auf langen Strecken der SZD zwanzig Zwischenhalte einlegen um jedesmal 1500 Tonnen Salz und 1500 Tonnen Eis aufzunehmen, so ist heute ein schneller und kostensparender Transport innerhalb der UdSSR möglich. Bis zu 8000 km kann ein Wagenumlauf betragen. Entfernungen also, die kein anderes Land zu verzeichnen hat. Der enorm ansteigende Bedarf an empfindlichen Nahrungsmitteln wächst von Jahr zu Jahr, und mit ihm zwangsläufig die Herstellung immer größer werdender Kühlwagenserien.

Da der VEB-Dessau aus Rationalisierungsgründen nicht alle zum Bau von Kühlwaggons benötigten Teile selbst herstellen kann, arbeitet man in Kooperation mit dem Kälteanlagenhersteller VEB-Germania Karl-Marx-Stadt, dem VEB-Indukal Göllingen sowie dem Starkstromanlagenbau Magdeburg.

Um Großserien in Dessau störungsfrei zu produzieren hatte man sich rechtzeitig entschlossen, 1967 zweiachsige Eiskühlwagen, die noch verlangt werden, dem VEB-Waggonbau Gotha zu überlassen, desgleichen die Produktion von vierachsigen Weinkühlwagen, die heute der VEB-Niski vornimmt. Was die Dessauer bis heute an Produktionseinheiten insgesamt geleistet haben ist mir unbekannt, wer aber mit der SZD reist, wird erstaunt sein, über die große Zahl von Kühlzugeinheiten, die einem in dem Riesenreich überall begegnen. Fest steht, daß die Dessauer allein bis Anfang 1973 20 000 Kühl- und Mannschaftsdieselwagen an die SZD geliefert haben.

Ein Betrieb der fast ausschließlich für die UdSSR Exportaufträge erfüllt, ist der VEB-Waggonbau Ammendorf. Wenn man Eisenbahnenthusiasten nach dem Ammendorfer Betrieb fragt, erhält man kaum eine richtige Antwort. Dies liegt wohl daran, daß die Erzeugnisse dieser Firma in Westeuropa nicht anzutreffen sind.

Ein Großteil der Produktion vor dem Krieg waren Wehrmachtsaufträge und somit unterlag das Werk automatisch der Geheimhaltung. Den Grundstock der Firma legte 1823 Gottfried Lindner in Halle. Man baute damals Kutschen in Einzelanfertigung mühsam und nicht rationell genug. Die Nachfolger erreichten durch Straffung eine Steigerung der Produktion. Mit der Herstellung von Straßenbahnwagen für Pferdebetrieb gelang der Sprung zur Waggonfabrik. 1905 wandelte man die Firma in eine AG um, und um 1900 bezog die Lindner AG neue Werkhallen in Ammendorf bei Halle. Jetzt konnte man für die Eisenbahngesellschaften in großem Rahmen Güter- und Personenwagen sowie Lkw-Aufbauten und Anhänger produzieren. Mitte der dreißiger Jahre gründete das Stammhaus einige Zweigbetriebe, so in Berlin, Dresden, Königsberg, Nürnberg und Köln.

Während des Krieges mußte sich die Lindner AG fast ausschließlich mit der Herstellung von Rüstungsgütern befassen. Nach dem Zusammenbruch 1945 kam die Produktion zum Erliegen. Von staatlicher Seite wurde der Betrieb nun für ein Jahr, wenn auch unter großen Schwierigkeiten, weitergeführt. Die erste Aufgabenstellung lautete möglichst viele Güterwagen der Reichsbahn zu reparieren.

Wie alle kriegführenden Staaten, so hatte auch die SZD schwerste Verluste an rollendem Material zu verzeichnen. Den Sowjets gelang es, einen Großteil ihrer Güter- und Personenwagen in den östlichen Teil des Landes zu evakuieren und neuen Einsätzen zuzuführen. Durch das vermehrte, kriegsbedingte Transportaufkommen hatten die Waggons aber stark gelitten.

Aus dieser Tatsache resultierte der Gedanke, im eigenen Bereich möglichst viele Fahrzeuge bauen zu lassen. Hierzu sollte auch der Ammendorfer Betrieb gehören. Um die Arbeiten zu forcieren wurde der Betrieb 1946 in sowjetisches Eigentum übernommen. Die Konstruktionen der SZD für Weitstreckenpersonenwagen dienten als Grundlage einer beginnenden Produktion. Zwischenzeitlich baute man Schmalspurwagen und Lkw-Anhänger. Anfang 1948 rollte der erste Personenwagen für die Sowjetunion auf die Schienen. Für die sowjetisch-deutsche Belegschaft ein denkwürdiger Tag.

Bis Ende 1972 hatte das Werk in Ammendorf ca. 13 000 Personenwagen aller Art gebaut. Man kann also sagen, daß der überwiegende Teil des rollenden Materials dieser Waggongruppe der SZD ihre Geburtsstätte in Ammendorf hat. Aber zurück in das Jahr 1952. Im Mai erfolgte die Rückgabe des SAG-Transmaschwerkes an die DDR. An dem Produktionsprogramm erfolgten keine Änderungen.

Die Regierung der DDR investiert große Mittel für die Rekonstruktion und den weiteren Aufbau der Produktionsanlagen. So war es möglich, die Autobusproduktion aufzunehmen und Schmalspurwagen nach Ägypten und Griechenland zu exportieren. Der hohe technische Stand des Werkes macht es erforderlich, die intensive Berufsförderung aller Werksangehörigen zu fördern. Zwischen 150 Lehrlingen erhalten jährlich in den drei Berufsschulstufen einer Lehrwerkstatt ihre fachliche Qualifikation. Außerdem hat der Betrieb sogenannte Außenstellen in den Ingenieursschulen Görlitz und Leipzig, die den werkseigenen Ingenieurnachwuchs fördern.

Die soziale und kulturelle Betreuung der Werksangehörigen ist wie in allen sozialisten Großbetrieben gut fundiert und fortschrittlich ausgebaut.

Im Gegensatz zu den Ammendorfern ist der VEB-Waggonbau Görlitz bei allen Interessierten weitgehend bekannt. Das Görlitzer Drehgestell ist allein schon ein Wertbegriff, der in den Jahren zwischen 1920 und 1930 entstand, nachdem die damalige Reichsbahn diese Erfindung als wegweisend bezeichnete.

Alle Arten von Reisezug- und Güterwagen, Doppelstock- sowie Triebwageneinheiten fuhren schon vor dem Zweiten Weltkrieg in europäischen Ländern. Auch heute wieder sieht der aufmerksame Beobachter überall die neuen D-Zug-Wagenkollektionen der Görlitzer, sei es im internationalen oder innerdeutschen Verkehr.

Der Gründer der Firma war Christoph Linders. 1849 entstand die Waggonbauanstalt, die 1869 in eine AG umgewandelt wurde. Von diesem Zeitpunkt an entwickelte sich das Werk fortlaufend und begründete seinen guten und weltweiten Ruf. Auch den Russen war das schon vor Jahrzehnten bekannt.

Was lag also näher 1945 das Werk ebenfalls in eine sowjetische Aktiengesellschaft umzuwandeln. Wie in Ammendorf, gelang es auch hier nur langsam eine Produktion anzukurbeln. Viele Maschinen waren ausgelagert und hatten den »Besitzer gewechselt«. Nach einer Periode der Waggonausbesserung kamen die ersten Aufträge für die SZD und am 1. März 1947 wurde das Werk zum volkseigenen Betrieb LOWA ernannt. Der endgültige Name VEB-Waggonbau Görlitz entstand 1952.

Sowjetische und deutsche Ingenieure entwickelten Weitstreckenspeisewagen, die zu einem Personenwagenprogramm der SZD gehörten. Nach den Konstruktionen des VEB-Ammendorf lag eine Serie von Liegewagen als Teilauftrag vor.

Der große Wurf aber sind die Doppelstockzüge und -wagen. Was sich im Westen nicht durchsetzte, hatte im östlichen Wirtschaftsverband großen Erfolg. Über 2500 Einheiten (im Verband oder einzeln) verkehren in der DDR, Polen, CSSR, UdSSR, Rumänien und Bulgarien. In Großbauserien produziert man natürlich auch Schlaf-, Speise- und Reisezugwagen für das Normalspurnetz. So fahren Görlitzer Schlafwagen in China, Indonesien und dem Irak. Der Export in westliche Länder ist unbedeutend, da sich hier eine ebenbürtige Konkurrenz die Aufträge sichert.

Außerdem dürfte die Werkskapazität für noch größere Exporte kaum ausreichend sein, zumal der Nachholbedarf der DDR-Reichsbahn befriedigt werden muß.

Mit Recht, kann man den VEB-Waggonbau Görlitz als den Schrittmacher und Pionier im Personenwagenbau des Comecon bezeichnen. Deutlich zeigt sich auch an diesem Beispiel die sozialistische Arbeitsteilung mit Erfolg bestätigt.

Auf der Leipziger wie Hannover-Messe stellt die Firma VEB-Kirow Leipzig fast alljährlich ihre Eisenbahnkräne in den verschiedensten Varianten aus. Was diese Firma wirklich auf die Räder stellt ist einmalig in Konstruktion und Funktionsfähigkeit.

Die harmonische Formgebung dieser Herkulesse besticht selbst einen uninteressierten Betrachter. Es sind die größten Eisenbahnkräne Europas und des Ostblocks. So findet man bei der Deutschen Reichsbahn und der PKP je zwei Stück, vier in der CSD und eine Großserie bei der SZD im Einsatz. Das Paradestück stellt der EDK 1000 dar. Seine Konstruktion ist so ausgelegt, daß bei einer 28-m-Ausladung noch 20 Tonnen gehievt werden können, wichtig bei Brückenbauten und dem Versetzen von Schwerlasten. 156 Tonnen ruhen auf acht Achsen, die seitenverschiebbar angeordnet sind, damit der Kran auch kleinere Radien durchfahren kann. Der Krankomplex besitzt eine eigene Stromversorgung und kann selbständig verfahren.

Zwei große Werke für den Lokbau liegen auf dem Gebiet der DDR, die zwar auch für den Export in die UdSSR mit eingeschaltet sind, aber zum großen Teil die Reichsbahn mit Diesel- und Elektrolokomotiven beliefern. Außerdem bestehen auch Fertigungsverträge mit westlichen Ländern.

Ganz allgemein kann man sagen, was für die Waggonfabrikation richtungsweisend ist, nämlich Vorrang beim Export in die UdSSR, trifft für die Lokomotivbauindustrie nicht zu.

Diese Aufgabenstellung hat die CSSR übernommen. Das VEB-Lokomotivwerk Karl Marx liegt in Berlin-Babelsberg und ist aus der Firma Ohrenstein & Koppel hervorgegangen. Ebenfalls in Berlin produziert der VEB-Lokomotivbau elektrotechnische Werke Hennigsdorf. Diese Firma ist heute Hersteller verschiedener Industrieerzeugnisse.

So gehören zum Programm die Fertigung von Schienenfahrzeugen aller Art (80 Prozent), Schweißmaschinen, Industrieöfen, Isolierstoffe (20 Prozent). Einen Gründer als Einzelperson hat es nicht gegeben. Die AEG hat vor dem Ersten Weltkrieg das Werk errichten lassen. Die Produktion hat von Anfang an bis heute aus gleichen Erzeugnissen bestanden. Selbst während des Krieges hatte die Lokproduktion vor anderen Rüstungsgütern Vorrang.

An Inventar und Produktionsmitteln standen 1945 nur noch 25 Prozent zur Verfügung. 80 Prozent aller Hallen und Gebäude lagen in Schutt und Asche. Erst 1948 konnte der Lokbau wieder aufgenommen werden.

Zug um Zug baute die Regierung unter Einsatz aller verfügbaren Mittel dieses große Werk wieder auf. Die Sowjetunion aber auch die übrigen Comecon-Länder bestellen heute fast ausschließlich Industrielokomotiven für den Über- und Untertagebau. Auch bei diesen Erzeugnissen bewiesen die Hennigsdorfer ihren Einfallsreichtum schwierige Probleme der Industrie durch geeignete Lokmodelle zu unterstützen.

Bis 1970 hatte das Werk 5500 Lok-Einheiten gebaut, davon allein 2212 Industrielokomotiven mit einer Dienstmasse von 70 bis 150 Tonnen. Die Einsatzgebiete reichen von Workuta und Norilsk, dem Tagebaugebiet um den Baikal-See bis in den brasilianischen Urwald.

Um weitgehend unabhängig von Zulieferern zu sein, hat das Werk die Produktion elektrischer Ausrüstungen aller Art, sowie Steuerungen für andere Triebfahrzeuge aufgenommen. Mit der Vorstellung dieser Lokomotivbauanstalt hat sich der Kreis der DDR-Schienenfahrzeughersteller, die einen Großteil des SZD-Rollmaterials liefern, geschlossen.

Wie die DDR, so exportieren auch andere osteuropäische Staaten Eisenbahnmaterial in die Sowjetunion. Schon um 1900 produzierten zum Beispiel die Tschechen Lokomotiven aller Art. Eine weltbekannte Firma war und ist das Skoda-Werk in Pilsen.

Seit jeher waren die Lokomotiven dieses Herstellerlandes in ihrer Konstruktion gut durchdacht und für die vorgesehenen Einsatzbereiche richtig ausgelegt. Auch im äußeren Erscheinungsbild, dem Styling, hatten die Lokhersteller die richtige Hand. Nach 1956 beauftragten die Sowjets die Skoda-Werke für die SZD E-Lok-Großserien zu planen und zu bauen. So ist es nicht verwunderlich, als Reisender in der UdSSR fast auf allen Bahnstrecken Skoda-Lokomotiven zu sehen.

Um 1880 fertigte man in dem damals noch verhältnismäßig kleinen Werk Radsätze für die Eisenbahn. Der Dampflokbau endete 1956. Nach der Rekonstruktion des Betriebes stellt man ausschließlich Diesel- und Elektrolokomotiven her, d. h. nur in einem Teilbetrieb.

Skoda beschäftigt heute ca. 50 000 Belegschaftsmitglieder. Zum Gesamtprogramm gehören der Bau von Kraft- und Walzwerken sowie Industriegüter fast aller Branchen. Nur die Autoproduktion hat eine andere Firma übernommen. Um die reibungslose Versorgung des Gesamt-Komplexes Skoda mit Materialien aller Art zu garantieren, stehen sogar eigene Hüttenwerke zur Verfügung.

Ca. 6000 Lokomotiven, darunter allein 2500 Elektrolokomotiven hat man bis 1969 hergestellt. Den Großteil davon erhielt die SZD, bei der sich die Maschinen größter Beliebtheit durch Leistung und hohe Funktionstüchtigkeit erfreuen. So wie sich die DDR mit ihrem Waggonbauprogramm ganz auf die Importwünsche der Sowjets konzentriert, tun die Tschechen das gleiche im Lokomotivbau.

Im geringeren Umfang, wie die beiden letztgenannten Länder beliefert die polnische und ungarische Industrie die UdSSR mit Rollmaterial. Ein Spezialfahrzeug, das besonders auffällt, ist ein Selbstentladewagen der polnischen Firma Zastel zum Transport von Schüttgütern.

Da der Gleisunterbau in Rußland generell überarbeitet werden muß, spielen diese Wagen eine große Rolle, zumal eine feine Dosierung des Schotters möglich ist. Eine gewisse Ähnlichkeit mit den Talbotwagen und deren Funktion ist nicht von der Hand zu weisen.

Wenn dieser Artikel vor allem die Importe der Sowjetunion anschnitt, so sollten noch einige Worte über den Eisenbahnexport geschrieben werden. Authentisches Material darüber zu erhalten, ist äußerst schwierig. In den letzten Jahren haben vor allen befreundete Staaten und Länder der dritten Welt Verträge über Lieferungen von Rollmaterial, Schienen, Signaleinrichtungen, Zubehör und sogar Neubauaufträge ganzer Strecken an die Sowjets vergeben.

Zum Teil sind aber auch Verträge zustande gekommen, die den besonderen Wunsch der Großmacht neue Absatzmöglichkeiten zu schaffen, unterstreichen. Ob die Bahnverwaltungen der einzelnen Länder darüber glücklich sind, bleibt dahingestellt.

In den 50er Jahren galt es die ersten großen Bahnbauten der Volksrepublik China und der mongolischen Volksrepublik zu unterstützen. Hierfür stellte die UdSSR alles was sie damals an Materialien und Gütern herstellte zur Verfügung.

So ist das mongolische Bahnwesen von dem der SZD nicht zu unterscheiden. Selbst die Spurweite hat dieses Land logischerweise übernommen, da zwei getrennte Streckenbereiche nur über sowjetisches Hoheitsgebiet miteinander verbunden sind. Daraus ergibt sich zwangsläufig, daß beide Bahnverwaltungen den Betriebsablauf koordinieren müssen.

China erhielt hauptsächlich Rollmaterial und Unterstützung beim Brückenbau über seine Riesenströme. In der neueren Zeit entstand eine 80 km lange Industriestrecke in Breitspur auf dem Hoheitsgebiet der CSSR, um ein Stahlwerk im Grenzbereich mit Erz zu versorgen. Auch in Syrien haben sich die Sowjets außerordentlich stark engagiert. Die Städte Latakia und Aleppo sind durch Hauptbahnen miteinander verbunden worden. Immerhin ein Abschnitt von 750 km Länge, der gleichzeitig die Baustelle des Euphratstaudammes erschloß. Ebenso bestehen Pläne für eine Magistrale von Damaskus nach Homs. Mit vorhandenen Abschnitten schafft sie einen Zugang zu den Häfen Latakia und Tartus. Eine Meldung besagt, daß die Strecke als Schnellbahn ausgebaut wird. Sie erhält ein automatisches Blocksystem sowjetischer Bauart.

Andere Länder, zum Beispiel Finnland, kaufen in großer Stückzahl SA 3-Kupplungen für Güterwagen, die im grenzüberschreitenden Verkehr eingesetzt sind, außerdem laufen Verhandlungen über den Ankauf von Elektrolokomotiven. Die finnische Industrie hätte diesen Auftrag gern selbst ausgeführt, mußte sich aber dem Einspruch der eigenen Regierung beugen, so daß diese Lok-Serie der russischen Industrie zugesprochen wurde.

Der auffälligste Exportauftrag, den die Sowjets ausführen, sind ca. 1300 Diesellokomotiven, die der Reisende in Ungarn, der CSSR und der DDR sehen kann.

Die Reichsbahn erhielt 1966 die ersten Maschinen für den Güterzugdienst, die die Güterzuglokomotiven der Baureihe 44 ersetzen sollten. Bei Versuchsfahrten zeigte sich aber, daß die Leistungsdiagramme beider Maschinen nicht in Einklang zu bringen sind. Die CCCP-Lok ist nur im Anzug und bis zu einer Geschwindigkeit von 23 km/h der Baureihe 44 überlegen.

Eine der TE 109 entliehene Konzeption stellt die V 300 (neu 130) dar. Sie ist für den gemischten Dienst vorgesehen. 140 km/h für Schnellzüge und 100 km/h für die Gütertraktion.

Ein großes Handikap ist das Fehlen einer Zugheizung. Erst in letzter Zeit gelang den Russen eine entsprechende Anlage, die auch nachträglich eingebaut werden kann.

Als letzte Leistungsklasse gilt eine Diesellok mit 4000 PS in einem Rahmen. Die in der Lokomotivfabrik Oktoberrevolution gebaute Maschine erreicht eine Höchstgeschwindigkeit von 160 km/h. Das Fahrzeug hat eine Luft- sowie eine Widerstandsbremse. Als Schnellzuglokomotive verfügt diese Gattung serienmäßig über eine elektrische Zugheizeinrichtung.

So wird man wohl in einigen Jahren in der DDR mehr Diesellokomotiven russischer Fabrikation im Streckendienst sehen, als Maschinen einheimischer DDR-Produktionen. Schade um die guten Diesellokserien der DDR, aber wirtschaftliche und politische Überlegungen haben im Comecon nun einmal Vorrang.

Erwähnenswert ist eine Sonderkonstruktion der UdSSR, die die deutsche Reichsbahn gekauft hat. Es ist der Schneeräumzug PSE. Räumzug deshalb, weil das Räumgut nicht zur Seite geschleudert, sondern aufgenommen, gelagert und abtransportiert wird.

Der Zug hat eine Länge von 93 m und besteht aus vier Einheiten, dem sogenannten Kopfwagen, zwei Mittelwagen und einem Endwagen.

Das Ladevolumen beträgt ca. 220 cbm und kann als ausreichend betrachtet werden. Jede Räumeinheit wiegt 170 Tonnen und hat 16 Achsen. Als Leistung gibt das Herstellerwerk 10 km/h pro Stunde an. Eine eigene Kraftstation versorgt die Räumanlage sowie die Förderbänder und deren Entladevorrichtung mit Energie. Zum Einsatz selbst wird eine Lokomotive benötigt, die über Telefon vom Kopfwagen aus, ihre Anweisungen erhält. Während des Arbeitsprozesses werden die Schnee- oder Schmutzmassen von Räumflügen zur Gleismitte gedrückt und von einer rotierenden Bürste aufgenommen, um über eine Förderbrücke in die rückwärtsliegenden Mittelwagen befördert zu werden.

Die Funktion des Endwagens gilt nur der Entladung. Die Räumbreite beträgt fast 5 m. In den Sommerperioden dient die Einheit zur Beseitigung von Schmutz- und Abfallstoffen entlang den Strecken und in den Bahnhöfen.

5. Kapitel

Lokomotiv-Typen und Waggons

Die Elektrolokomotiven

Wenn in diesem Buch nur die modernen Traktionsmittel beschrieben werden, so hatte doch bis Mitte der 60er Jahre die Dampflokomotive in der Sowjetunion die Hauptlast des Zugförderdienstes zu übernehmen.

Die entwickelten Typen und danach gebauten Serien waren groß und in der Leistung sehr unterschiedlich. Da die Strecken in ihrer Belastbarkeit große Unregelmäßigkeiten aufwiesen, mußten zwangsläufig die Lokkonstruktionen darauf abgestellt werden. Vorrang hatte immer der Bau von Güterzugmaschinen, so daß oft Mangel an leistungsfähigen Personenzugloks herrschte.

Die SZD hat nie Wert auf Schnellfahrten gelegt, wie z. B. die amerikanischen oder englischen Eisenbahngesellschaften, die ihre Konkurrenten auszustechen versuchten, um die Hauptmasse der Reisenden zu gewinnen. Der Sowjetunion ging es vielmehr um den beschleunigten Aufbau der Wirtschaft und die Beseitigung der Nachkriegsschäden, verursacht durch die Revolution.

Rein äußerlich waren die russischen Dampflokomotiven keine Stars, sie wiesen auch keine entsprechenden Formen auf, besaßen niemals eine Stromlinienverkleidung, abgesehen von Einzelexemplaren. Das Auffälligste an ihnen waren die Laufbühnen um den Kessel und die übergroßen Scheinwerfer. Die übergroße Lichtquelle wurde bei den Konstruktionen der E- und Dieselloks weiterhin übernommen. Die Lichtbündel dieser Scheinwerfer sind außerordentlich stark und können von dem Lokführer zusätzlich eingeschaltet werden, um Brückeneinfahrten, Gleisvorfelder, Bahnsteige und gradlinige Streckenabschnitte zusätzlich und intensiv auszuleuchten.

Prinzipiell kann man die Elektrolokomotiven in drei Kategorien einteilen. Erstens der Gleichstromlokomotive 3 kV, zweitens der Wechselstromlokomotive 25 kV 50 Hz und drittens der Mehrsystemlok. Diese Typen lassen sich wiederum in Personenzug- und Güterzugtriebfahrzeuge katalogisieren. Nicht zu vergessen natürlich die Industrielokomotiven mit den unterschiedlichen Stromarten.

Die Buchstaben WL bedeuten Wladimir Lenin. Sie gelten als Serienbezeichnung aller Elektrolokomotiven.

Um den elektrischen Verkehr in den 30er Jahren überhaupt aufnehmen zu können, blieb den Sowjets nur der Import amerikanischer und italienischer Fahrzeuge übrig. Man begann auch den Lizenzbau, wobei Teile von General Electric benutzt wurden. Die WL 19 gilt als die erste Serie ausschließlich in der UdSSR hergestellter

Maschinen. Heute noch sind diese Mütter der Elektrotraktion vereinzelt im Verkehr zu finden. Mit einer Dienstmasse von 117 t, 2030 kW Stundenleistung und 85 km Höchstgeschwindigkeit war diese Co'Co-Lok 1934 eine Universalmaschine.

Die Weiterentwicklung brachte der SZD die WL 22, die ab 1938 mit nur 50 Einheiten zum Einsatz kam. Sie hatte ebenfalls die Achsfolge Co'Co, fuhr 70/85 km/h und hatte der WL 19 gegenüber nur eine Stundenmehrleistung von 50 kW.

Vom Kriegsende bis ca. 1956 baute die Industrie wiederum nur eine stärkere Lokversion an Hand vorhandener Unterlagen. Die WL 22^M soll eine Stückzahl von 2000 Maschinen erreicht haben. Immerhin lag der Geschwindigkeitsbereich zwischen 75 und 95 km/h. Sie war annähernd zwei Jahrzehnte »Mädchen für alles«. Ob Güter- oder Fernschnellzüge, die WL 22^M wurde immer zum Einsatz gebracht. In Irkutsk und im Ural fand ich Ende der 60er Jahre diese Loktype ständig in Doppeltraktion. Die 4680 kW dieser Gruppierung genügten für die meisten Transportaufgaben. Das soll nicht heißen, daß die Bahn mit dieser Lösung einverstanden war, zumal das Personalproblem durch eine Doppelbesetzung in den Vordergrund trat. Noch einmal bemühten sich die Konstrukteure, die WL 22^M zu modernisieren, nachdem auch das elektrische Streckennetz an Länge zunahm und der Ruf nach einer weiteren verstärkten Universalmaschine laut wurde.

Auf das verbesserte Fahrgestell (keine Neukonstruktion) setzte man eine moderne Karosserie. Stärkere Motoren erlaubten eine Geschwindigkeit von 100 km/h. Entscheidend aber war die Leistung, die bei der WL 23, so heißt diese Maschine, auf 3060 kW getrimmt wurde. Heute verfügt die SZD über eine große Serie dieser Co'Co-Loks. Hauptsächlich im Raum Moskau und den westlichen Gebieten der SU ist sie im Dienst. Mit dieser Lokomotive endete die Konstruktionsserie der Anfangsjahre und der beginnenden Elektrifizierung.

Die WL 19, 22, 22^M und 23 waren reine Sowjetkonstruktionen und die Pioniere der elektrischen Zugförderung von 1932 bis 1960.

Hatte man bis jetzt in der Sowjetunion nur Universalmaschinen gebaut, d. h. Lokomotiven für den Personen- und Güterzugverkehr, so verlangte die SZD jetzt dringend ausgesprochene, für damalige Verhältnisse leistungsfähige Güterzuglokomotiven. Um Moskau herum, in den Süden und dem mittelsibirischen Raum zogen die Bautrupps ihre Oberleitungen und nach dem Willen der Regierung sollte möglichst nach Abschluß dieser Arbeiten die Gütertraktion elektrisch abgewickelt werden.

In Nowotscherkask konzipierte man schon 1952 auf dem Reißbrett eine Gleichstrom-Doppellokomotive. Nach zweijähriger Konstruktion und Bauzeit rollte die erste Probelok WL 8 (H-8) 1953/54 Richtung Kaukasus zum Dauertest. Ihre Leistung stand zum Dienstgewicht (Achslast 22,5 Mp!) wieder in keinem sehr günstigen Verhältnis, aber trotzdem hat sich die Maschine, das sei vorweg gesagt, hervorragend bewährt. Die Probefahrten zeigten, daß die Motorenanlage dem harten Winterverkehr mehr als gewachsen war. Die Maschine ist im Dienst robust und zuverlässig. Auf dem ganzen sowjetischen Gleichstromnetz ist sie jetzt anzutreffen. Ihre Zugkräfte reichen von 45 000 bis 54 000 Kp in der Spitze. Als Höchstgeschwindigkeit werden 100 km/h angegeben. 8 Tatzlagermotoren, schaltbar über 37 Fahrstufen, sind in 4 Fahrgestellen untergebracht. Die Dauerleistung beträgt 3660 kW. Die Doppellok ist mit 27 520 mm außerordentlich groß. 3500 t Zugmasse werden der WL 8 heute, selbst bei Steigungen von 9 % anvertraut.

Zu den Importmaschinen im Gleichstrombereich zählen vor allem die Tsch-Typen, so die S 1, S 2, S 3 und die moderne 63-E-Serie. Letztere ist eine Co'Co-Lok, die 1200 t Schnellzüge mit 160 km/h ziehen kann. Eine neuartige Motorbremse unterstützt das Druckluftbremssystem. Auch die sowjetischen Lokbauer haben ein Versuchsmodell in Dienst gestellt, das auf der Oktoberbahn Spitzengeschwindigkeiten von 250 km/h erbringen soll. E-Lokomotiven von 8000, ja sogar von 14 000 PS für Güterzüge mit 7 bis 10 000 t Gewicht stehen im Entwicklungsstadium.

Die zweite Kategorie der SZD-Loks betrifft die Wechselstromserien.

Die Lokomotivfabrik Budjony legte die Grundkonzeption der WL 8 Gleichstromlok auch für eine Wechselstromvariante zu Grunde. Man ging aber von den Kuppelachsen ab und fertigte eine echte Bo'Bo + Bo'Bo-Maschine. Das äußere Erscheinungsbild dieser Güterzugmaschine ist in einer modernen zweckmäßigen Form gehalten. Sie besitzt eine Hochspannungssteuerung, obwohl auch Versuche mit Niederspannung durchgeführt wurden. Ihr Einsatzgebiet liegt im Flach- wie im Hügelland.

Die zwei gleichen Sektionen können durch einen Übergang betreten werden. Signal- und funktechnische Einrichtungen sind auf einen Führerstand beschränkt. Die Zugkräfte überträgt ein Kuppelbolzen. Anfang der 60er Jahre baute das Werk größere Serien. Die Geschwindigkeit beträgt 100 km/h, die Stundenleistung 6200 und 6400 kW.

Die schwere Russin wiegt 184 t und bringt daher eine Achslast von 23 Mp auf die Schiene.

Die Wechselstromserie **WL 60** mit all ihren Untergruppierungen ist bei der SZD **die Universallokomotive schlechthin.** Vier Serien mit der Bezeichnung WL 60, WL 60^P, oder hoch K oder hoch R stehen im Dienst. Ohne Zusatzbuchstaben handelt es sich um eine Normalausführung für den Güterzugdienst, P bedeutet speziell geeignet für den Reisezugdienst, K ist eine Güterzuglokomotive mit Silizium-Gleichrichter und R eine Maschine mit Nutzbremsung.

Um das hohe Lokgewicht auszugleichen, entschied sich der Hersteller für eine Co'Co-Ausführung. Bei der WL 60 Wechselstromserie hat eine rationelle Herstellungsmethode stattgefunden. Das betrifft nicht nur die Aufbauten, sondern auch die elektrischen Installationen.

Die technischen Daten der 60^P lauten: 3900 kW, 18 500 Kp, 130 km/h Höchstgeschwindigkeit.

Die Maschinen für den Güterzugdienst weisen 4140 kW, 22 800 und 32 100 Kp und eine Geschwindigkeit von 100/110 km/h auf. Im Grunde genommen sind auch diese Lokomotiven Gleichstrommaschinen.

Ein ölgekühlter Transformator versorgt die Gleichrichteranlage und die wiederum die Motoren, ebenso alle Hilfseinrichtungen mit Energie. Einige Lokserien haben einen Ignotron- andere einen Silizium-Gleichrichter. Die Geschwindigkeit regelt der Lokführer durch eine Schützsteuerung.

Auch den Wechselstromlokomotiven einheimischer Fabrikation steht eine Anzahl importierter Maschinen gegenüber. Die Tschechen lieferten eine Co'Co-Version (200 Stück) in 25 kV 50 Hz für den ausgesprochenen Schnellverkehr. Eine Höchstgeschwindigkeit von 160 km/h, 5100 kW Zugkraft und 32 000 Kp bringt diese außerordentlich schöne Tsch S 4 Maschine auf die Schiene.

Im westlichen Ausland bestellte die SU einige Serien, um den schnell steigenden Bedarf in dieser Traktionsart voll decken zu können.

So erhielt die Firma Krupp in Kooperation mit SSW Erlangen einen Auftrag über 20 Co'Co-Güterzuglokomotiven. Die SZD belegte diese Reihe mit dem Buchstaben K. In Reschoty bemerkte ich diese Lokomotiven zum ersten Mal. Mitunter führen sie auch Schnellzüge, da ihre Geschwindigkeit mit 100 km/h noch ausreichend ist.

Die »Deutschen« sollen sich im rauhen sibirischen Alltag sehr gut bewährt haben. Besonders geeignete Werkstoffe fanden bei der Konstruktion Verwendung, um den Klimaverhältnissen entgegenzuwirken. Güterzugleistungen bis 5000 t im ostsibirischen Raum sind keine Seltenheit. Krupp hatte zur Vorsorge einen Prototyp im Saarland eingehend getestet. Die 6 Fahrmotoren haben im unteren Leistungsbereich 4950 kW Stundenleistung. Die Achslast mit 23 Mp bedeutet für die »Transsibirische« keine überhöhte Belastung.

Aus Frankreich bezog die SZD eine Co'Co-Serie mit der Bezeichnung F. Der Auftrag beinhaltete 30 Lokomotiven für den Güterzugdienst mit Normalbremsausrüstung, 10 mit einer Widerstandsbremse und ebenfalls 10 Maschinen F^P für den Einsatz vor Schnellzügen.

Die Sowjets sollen mit dieser Lieferung nicht recht glücklich sein, da die Maschinen anscheinend dem harten Winterverkehr nicht restlos gewachsen sind.

Die Güterzugversion kann 100 km/h, die Reisezugmaschine 160 km/h fahren. Die Güterzugsserien haben den bekannten Tatzlagerantrieb, dagegen die Reisezuglokomotiven den Alsthom-Gelenkstangenantrieb.

Durch das Zweistromsystem bedingt, verfügt auch die SZD über sogenannte Zweisystemlokomotiven. Von allem »Etwas« könnte man fast sagen bei dem ersten Versuchsmuster der Reihe WL 61 Wechselstrom, die eine Zusatzausrüstung der WL 22^M besitzt. Aus dieser Serie entstand die Reihe WL 61^D. Auch die Serie WL 80 Bo'Bo + Bo'Bo Wechselstrom stand Pate für die neuen Zweistromsystemlokomotiven WL 82.

Auf den Wechselstromstrecken fließt der Strom erst durch einen Loktransformator, um gleichgerichtet durch Ignotrons den Fahrmotoren zugeführt zu werden. Auch die CSSR liefert Loks für zwei Stromarten, so die Reihe CS 5, die fast 200 km/h erreicht.

Eine interessante Industrielokzugeinheit sollte nicht unerwähnt bleiben. Gemeint ist der Spaghettizug EL 10, gebaut in der DDR. Die Grundeinheit wird aus einer Elektrolok und zwei Motorkippwagen gebildet. Da die Steuerung nur von der Lok aus erfolgen kann, sind 36 Kabel von Fahrzeug zu Fahrzeug erforderlich. (Daher der Name Spaghetti).

Zusätzlich können die Tagebaubetriebe noch 8 Kippwagen anhängen, so daß immerhin ein stattlicher Zug von 1400 t auf die Steilrampen der großen Tagebaubetriebe in Sibirien geschoben oder gezogen werden kann.

Ein in der E-Lok installierter Dieselgenerator versorgt den Zug im fahrdrahtlosen Bereich mit Strom. Die drei Zugeinheiten entwickeln 6700 PS, bei einer Leistung von 4920 kW und einer Zugkraft von 68,1 Mp. Das 52 m lange Gespann kann 50 km/h fahren; für den Bergbau also eine ausreichende Geschwindigkeit.

Die Diesellokomotiven

Nachdem sich die Revolution Anfang der 20er Jahre beruhigt hatte und der Wiederaufbau des Landes begann, wurden Lenin von verschiedenen Seiten Wünsche vorgetragen, sich doch baldmöglichst der Entwicklung und dem Bau von Diesellokomotiven zuzuwenden.

Es entstanden mehrere Prototypen, die sich aber alle nicht recht bewährten. D. h. sie waren störanfällig und in ihrer Leistung zu schwach. Nach eingehenden Versuchen, auch mit den in Deutschland gebauten Maschinen, war man anfangs begeistert, da in Weißrußland alle Möglichkeiten der Unterhaltung dieser Maschinen gegeben waren und Schwierigkeiten daher selten auftraten.

In den südlichen Landesteilen aber, auf der Trans-Kaspi-Bahn, traten täglich empfindliche Pannen aller Art auf, so daß das BW-Personal in Aschchabad manchmal der Verzweiflung nahe gewesen sein muß.

An ein Ablösen der alten gut bewährten Dampflok, zumindestens auf diesem Streckenteil, war gar nicht zu denken. Ein großer Förderer des Diesellokmaschinenbaues war der Russe Professor Dr.-Ing. e. h. Georg Lomonosoff. Er hielt im Anfangsstadium recht wenig von einer mechanischen Kraftübertragung, sondern plädierte für den elektrischen Antrieb. Berühmt sind seine ersten Konstruktionen der Baureihen 001—005. Die Loks baute die Maschinenfabrik Eßlingen. Bei den Versuchen und Testreihen zeigte sich, daß Lomonosoff nicht nur ein guter Konstrukteur, sondern auch ein erstklassiger Praktiker war.

Dem deutschen Vorbild entsprechend, gründete er schon vor dem Ersten Weltkrieg ein Lokomotiv-Versuchsamt.

Sein Kollege Lipetz unterstützte ihn bei all seinen Arbeiten. Beide waren übrigens lange Zeit bei der Taschkent-Bahn beschäftigt. Man kann wohl mit Fug und Recht sagen, daß sein Wirken und Schaffen dem Diesellokomotivbau aller Industriestaaten zugute kam.

Erst nach dem Zweiten Weltkrieg begann sich der Diesellokbau in der UdSSR zu entfalten. Vorbilder gab es genug, da die USA wähend des Krieges (1941—1945) in ihrem Hilfsprogramm auch Diesellokomotiven aufgenommen hatten.

Die erste Nachbauserie in Charkow war die T 1, eine Co'Co'-Lok, die heute noch im Verschiebedienst tätig ist. Das erste Baujahr war 1947. Die installierte Leistung betrug 1000 PS bei einer Dienstmasse von 124 t und einer Höchstgeschwindigkeit von 90 km/h. Die Mutter aller SZD-Dieselloks ist die **TE 2**. Wie die WL 19 für die Elektrotraktion, so ist diese Doppellok eine echte Eigenkonstruktion aus Charkow für die beginnende Dieseltraktion. Die SZD bestellte diese Lokomotive, obwohl die Leistung in keinem rechten Verhältnis zur Dienstmasse stand. (170 t/2000 PS). Kritiker bemängelten die hohe Stückzahl, die zur Auslieferung kam (500).

Heute kann man sagen, daß trotz dieser Bedenken, der Entschluß, eine Diesellok dieser Größenordnung zu bauen, richtig war. Für den leichten und mittleren Güterzugdienst reicht die Leistung vollkommen aus. Die TE 2 bedeutete den Anfang des Dieselzeitalters schlechthin in der SU. Die Maschinen bestehen aus zwei gleichen Sektionen mit je einem Führerstand am Ende. Es ist aber möglich, jede Einheit selbständig fahren zu lassen.

1950 begann die Erprobung und 1951 der Serienbau, der bis 1955 lief. Das Werk hat anschließend als eine Weiterentwicklung die TE 3 gefertigt. Mit ihren 4000 PS (je 2000 PS pro Sektion) steht eine leistungsfähige und robuste Maschine zur Verfügung, die bei dem Lokomotivpersonal recht beliebt ist.

War die TE 2 eine Bo'Bo-Lok, so benötigten die Konstrukteure bei der TE 3 und 7 die Co'Co-Version.

Mehrere Fabriken stellten ab 1955 die bewährten Maschinen her. Erprobt wurden die O-Serien im Donezbecken. Die TE 3 ist die meistgebaute Diesellokomotive der Sowjetunion.

Als ausgesprochene Güterzugvariante war sie weniger für den Reisezugverkehr geeignet, so reifte der Entschluß, eine Umkonstruktion vorzunehmen. Diese Serie erhielt die Bezeichnung TE 7. Mit 140 km/h erfüllte sie ihren Zweck.

Um die TE 3 noch zu verstärken, baute man eine führerstandslose Sektion, die zum Zwischenkuppeln geeignet war. Damit standen nun 6000 PS zur Verfügung. Nachdem aber wiederum stärkere Diesellokas entwickelt wurden, baute man diese drei TE 3 Zwischensektionen in Normallokomotiven um.

Die Lokreihen TE 2, TE 3 und 7 sind dieselelektrische Versionen. Ein Hauptgenerator versorgt die Tatzlagermotoren mit Strom. Als Antriebsmotor dient der 2 D 100 10-Zylinder-Zweitaktdieselmotor. Die Lokomotiven werden ab Anfang der 70er Jahre nicht mehr produziert.

In einer weiteren Forderung der SZD sollte die Industrie eine 3000 PS Diesellok in einem Rahmen entwickeln. Ende der 50er Jahre hatten die Konstrukteure aber noch große Schwierigkeiten beim Bau stärkerer Dieselmotoren. Zum Einbau gelangte der aus dem 2 D 100 Motor fortentwickelten 9 D 100 mit 12 Zylinder. Zwei zusätzliche Zylinder und eine höhere Aufladung erbrachten dann die geforderte Leistung.

Die Grundkonzeption TE 10 hat folgende technische Daten: Dieselelektrische Kraftübertragung, 3000 PS Leistung, 132 t Dienstmasse, 22 Mp Achslast, Länge 17 970 mm und 100 km/h Geschwindigkeit. Aus diesem Güterzug-Standardtyp entwickelte Charkow eine Lokomotive für den Reisezugdienst TEP 10. Die Geschwindigkeit von 140 km/h war durch veränderte Ritzelübersetzung erreicht worden.

Die Diesellokomotive 2 TE 10 L ist eine Doppellok wie die TE 3 und besitzt daher nur einen Führerstand pro Sektion. Einige Maschinen erhielten die Frontpartien aus Plastik, z. B. die TEP 10 L 039-040. Eine weitere Entwicklung ließ 1965 die TE 40 mit 2 x 3000 PS entstehen. Die Serien haben große Stückzahlen erreicht und sind überall im Bereich der SZD anzutreffen. Neben den dieselelektrischen Maschinen entwickelten verschiedene Werke auch dieselhydraulische Lokomotiven.

Vor 1954 wagte man den Sprung in dieses Neuland nicht. Bis zur TG 106, einer schweren 4000 PS Lokomotive, sollten noch 7 Jahre vergehen.

Übrigens lieferten Henschel 1962 die TG 400, die bei der SZD viel Beachtung fand. Diese Co'Co-Einheit hat eine Leistung von 4000 PS und kann Züge mit 160 km/h ziehen. Fest steht, daß manche sowjetischen Ingenieure hier einige Details vorgefunden haben, die nachgebaut in SZD-Lokomotiven übertragen wurden.

Als Rangierlokomotiven kann man die Typen TEM 1, 2 und 3 aufzählen. Dagegen sind die TG 100, 102 und 106 als Streckenloks im Einsatz. Auch die TG 100 war eine Streckenlok, an der viele Erkenntnisse und Erfahrungen gesammelt wurden, die in der Konstruktion der TG 102 sich zusätzlich niederschlagen. Durch das hydraulische Getriebe bedingt, hat die Maschine ein günstigeres Gewicht. Lugansk baute diese Bo'Bo + Bo'Bo 4000 PS-Einheit, die 4 Zwölfzylindermotore in zwei Sektionen installiert hat. Die Höchstgeschwindigkeit beträgt 120 km/h.

Die TG 106 kann man im Aufbau nicht mit der TG 102 vergleichen, sie hat aber die gleiche Leistung als Co'Co-Lok.

Eine 6000 PS Lokomotive Typ Ukraine 2 gilt als die schnellste und rentabelste Güterzuglokomotive der SZD. Sie kann einen 2000 t-Zug in der Ebene mit 100 km/h ziehen. Die oben erwähnten Leistungen waren nur möglich, da in den 60er Jahren die Dieselmotorenhersteller ihre Konstruktionen sprunghaft verbesserten. Auch in der SU findet der Viertaktdiesel durch größere Zuverlässigkeit und sparsamen Kraftstoffverbrauch breiteren Eingang. Die Normung und der vielseitige Einsatz der Motore waren dabei ebenfalls ein wichtiger Gesichtspunkt. Die Firma Kolomna z. B. produziert den Dieselmotor D 49, der zu den leistungsfähigsten in der SU überhaupt zählt. Die Abmessungen sind so ausgelegt, daß das Aggregat von mehreren Branchen (Schiffbau, Erdölverarbeitung, Stromerzeuger und Eisenbahn) verwendet werden kann.

50 000 Diesellokomotiven aller Leistungsklassen und für die verschiedenen Einsatzbereiche hat die Industrie nach dem Kriege gebaut und der SZD übergeben oder dem Export zugeführt.

Wie andere Staaten, so macht auch die SZD Versuche mit Gasturbinenlokomotiven. Zwei Probeloks GP 1 — 0001 und GP 1 — 0002, konzipiert aus dem dieselelektrischen Muster TEP 60, stehen im Einsatz. Außer einem Hilfsdieselmotor treibt eine Turbine drei Gleichstromgeneratoren. Immerhin gelang es, einen 1000 t-Zug mit 110 km/h zu befördern.

Das zentrale Forschungsinstitut für den Eisenbahntransport entwickelte einen Gasturbinentriebwagen, der bereits 160 km/h erreichte. Eine Steigerung auf 200–250 km/h ist nach einer Umkonstruktion der Fahrgestelle vorgesehen. Eine Gasturbine, im Dach untergebracht, treibt einen dreiphasigen Synchrongenerator, der das Fahrzeug mit Strom versorgt. Rein äußerlich erinnert der Triebwagen an eine Konstruktion, die die MAN 1943/44 als zweiteiligen Schnelltriebwagen für die türkische Staatsbahn liefern sollte. Durch die Kriegsereignisse blieb das Fahrzeug in der Tschechoslowakei. Es ist nicht auszuschließen, daß die SZD dieses Fahrzeug als Grundlage ihrer Rekonstruktion benutzt hat.

Für den Vorortsverkehr, der in der Sowjetunion immer größere Verkehrskapazitäten benötigt, stehen schon seit Jahren Triebwagenzüge in- und ausländischer

Produzenten in Elektro- und Dieselausführung zur Verfügung. Da die SU im westlichen Sinn keinen Individualverkehr kennt, Busse und in wenigen Fällen auch Straßenbahnen nur innerstädtisch anzutreffen sind, ist das U-Bahn- und das SZD-Vorortnetz der Großstädte systematisch und gezielt ausgebaut worden.

Auch einen Städteschnellverkehr, so z. B. Moskau—Leningrad oder innerhalb der Industriezentren, wickelte man vor nicht allzulanger Zeit mit Triebwagenzügen ab. Da in den Großstädten und den Ballungsgebieten meistens die Elektrifizierung fast abgeschlossen ist, kommt dem elektrischen Triebwagenzug eine wesentlich größere Bedeutung zu, als dem Dieseltriebwagen. Diese Erscheinung ist in Westeuropa ebenfalls nichts Neues. Der elektrische Vorortverkehr läß sich nun einmal schneller, rentabler und umweltfreundlicher abwickeln, als mit der Dieseltraktion. Die bekanntesten Einheiten sind die Typen ER 1—10. Die Herstellerfirma hat sie für 3000 Volt Gleichstrom und 25 kW Wechselstrom in größeren Stückzahlen produziert. Andere bekannte Typen sind die ER 11 und ER 22. Alle Fahrzeuggruppen entwickeln eine Höchstgeschwindigkeit von 130 km/h. Ein Hauptaugenmerk legt die Bahnverwaltung auf das große Anfahr- und Bremsvermögen dieser Züge. In Spitzenzeiten können die Triebwageneinheiten dem Verkehrsaufkommen entsprechend zusammengekoppelt werden. Der ER 9 fährt dann mit 10, der ER 11 und 22 mit je 8 Waggons. Über 1000 Fahrgäste können in dieser Zusammenstellung dann aufgenommen werden. Alle sowjetischen Triebwagen sind in Bo'Bo-Ausführung hergestellt.

Der Waggonbau

Personenwagen:

Die Entwicklung der russischen Personenwagen gleicht der der übrigen europäischen Eisenbahnverwaltungen. Viele Waggontypen haben sich absolut nicht bewährt. Ein Beweis dafür, daß jedes Land andere Bedingungen aufweist und ein Nachbau nicht immer vorteilhaft sein kann.

Bis Ende des Zweiten Weltkrieges hat Rußland und die heutige Sowjetunion ihre Personen-, Speise-, Gepäck- und Postwagen selbst gebaut. Man kannte von jeher zwei Klassen, und zwar die Harte und die Weiche. Der zweiachsige holzverkleidete Wagen mit einer Gesamtlänge von 12 und 14 m war vorherrschend. Aber auch schon 3- und 4achsige Fahrzeuge kamen kurz nach der Jahrhundertwende zum Einsatz. Letztere hatten ein Längenmaß von 20 m. In den großen BW's entlang der TRANSIB kann der Reisende diese alten Veteranen ab und zu noch heute sehen. Zum Teil haben sie noch die alten Schraubenkupplungen.

Der Personenwagenbau hatte nach 1917 einen Tiefstand erreicht, der nur unter großen Schwierigkeiten bis 1941 behoben werden konnte. In den Kriegsjahren

(1941—45) entstand nochmals am Personenwagenbestand großer Schaden, den die SZD nur mühsam selbst beheben konnte, zumindestens bis zu dem Zeitpunkt, da die Partnerländer mit dem Großserienbau begannen.

Sonderkonstruktionen und Serien hochmoderner Reisezugwagen für den Schnellverkehr bleiben allerdings der sowjetischen Industrie vorbehalten. Das äußere Erscheinungsbild der SZD-Weitstreckenwagen unterscheidet sich grundlegend von den mitteleuropäischen Reisezugwagen durch die gesickten Seitenwände und dem größeren Fahrzeugprofil mit ca. 22 Prozent über Normalnorm.

Für den Verkehr außerhalb des Landes verfügt die SZD über einen Schlafwagentyp, der mit allen technischen Raffinessen ausgerüstet wurde. Diese Waggons verkehren hauptsächlich zwischen Moskau-Berlin-Kopenhagen, Moskau-Berlin-Paris und Moskau-Wien-Rom. Der Typ kann in internationale Züge eingestellt werden. Eine gute Wagenisolierung schützt vor großer Kälte- und Hitzeeinwirkung ± 50° C. Je ein Satz zweiachsiger Drehgestelle für die Spurweiten 1524 und 1435 mm wird mitgeliefert. Die Drehgestelle selbst beruhen auf der sowjetischen Konstruktion KWS-ZN II Typ 1. Rollenachslager sind selbstverständlich. Auf sowjetischem Gebiet werden neben den Drehgestellen auch die Kupplungen getauscht. (Schraubenkupplung gegen SA 3 und umgekehrt). Die eingebaute Druckluftbremse ist eine Hochleistungsklotzbremse, die den Normen nach RIC/UIC entspricht. Ein 28 kW-Generator übernimmt die Eigenstromversorgung ab 37,5 km Stundengeschwindigkeit.

Die Länge des Wagens über Puffer mißt 24 580 mm, die Breite 2 883 mm. Die Anzahl der Schlafplätze beträgt 18 und die Leermasse des Wagens beträgt 52 t. Die max. Fahrgeschwindigkeit ist mit 160 km/h festgesetzt. Die Wagenaufteilung erlaubt den Platz für 2 Fahrgastabteile 1. und 7 Abteile für 2. Klasse. Zwischen den 1. Klassenabteilen liegt eine Waschkabine. Außer den Fahrgasträumlichkeiten ist noch ein Dienstabteil und ein Schaffner-Ruheraum vorhanden.

Ein elektrischer Kühlschrank und der in allen sowjetischen Wagen vorzufindende Samowar erlauben dem Schaffner, für die Fahrgäste einen Imbiß zuzubereiten. Geschirrschränke, eine Rufanlage, ein Stahlschrank für Wertsachen und eine Tonbandanlage vervollständigen das Dienstabteil. Für den Einsatz in verschiedenen Klimazonen haben die Hersteller eine leistungsfähige Klimaanlage eingebaut. Ein großdimensioniertes Lüftungssystem mit automatischer Regelung sorgt für gleichbleibende und konstante Leistung.

Die Waggons, die nur im russischen Verkehr zum Einsatz gelangen, haben viele gemeinsame Konstruktionsmerkmale, die von Baugruppe zu Baugruppe übernommen und verbessert werden. Die SZD legt Wert auf erhöhte Funktionstüchtigkeit aller Aggregate, die zum Einbau gelangen. Die Maße aller Normalweitstreckenwaggons sind aber von Anfang an gleich geblieben. Sie betragen:

- Länge über Kupplungsmitte 24 540 mm
- Spurweite 1524 mm
- Waggonbreite 3058 mm
- Wagenhöhe 4355 mm
- Umgrenzungsprofil der SZD
- Drehgestelle der Bauart ZMW und KWS5
- SA 3 Kupplung
- Gummiwulste für die Übergänge
- Druckluftbremse und elektrische Steuerung
- Handbremse und Notbremseinrichtung.

Die Waggons zu Produktionsbeginn waren noch verhältnismäßig schwer. Sie wogen ca. 60 t. Durch Verwendung verschiedener Leichtmetalle und besserer Isoliermittel konnte man im Laufe der Jahre das Eigengewicht wesentlich senken (50 bis 53 t). Als Isoliermittel kommt der schwer entflammbare Polystrolschaum zur Anwendung. Die Einrichtung selbst ist geschmackvoll und solide verarbeitet. Für Gepäckstücke ist genügend Raum vorgesehen.

Zum Teil sind die Fahrzeuge mit einer Druckbelüftung, in neuerer Zeit aber mit einer Klimaanlage 27 000 Kcal/h ausgerüstet. Die Druckbelüftung genügt den russischen Klimaverhältnissen in keiner Weise. Zwischen 26 (47 BD) und 38 Fahrgästen (typ 47 K) können die Weitstreckenwagen aufnehmen, zuzüglich 2 Personen für die Kunden- und Fahrzeugbetreuung.

Von dem Typ 47 K gibt es nur einige Versionen mit Radioabteil (47 KR) oder dem Büfettwagen (47-BD). Letzterer kann 26 Fahrgäste aufnehmen. Ein Teil des Waggons ist als Büfettraum ausgebildet. Als Inventar läßt sich eine elektrische Kaffeemaschine, ein 300-l-Kühlschrank, Lagerungsmöglichkeiten für Geschirr und Lebensmittel, eine Kochplatte und die Möglichkeit zum Spülen aufführen. Der Büfettraum besitzt als Trennwand eine Jalousie. Wichtig für die langen Reisen sind in der UdSSR die Speisewagen. Meiner Ansicht nach bieten sie den Fahrgästen mehr Bequemlichkeit als die uns bekannten herkömmlichen Wagen in Europa. Die Tische und Stühle lassen sich rücken, so daß ein Setzen und Aufstehen problemlos ist.

Während meiner Reise habe ich den Speisewagen immer gern aufgesucht, da es hier möglich ist, ungezwungen zu den Mitreisenden Kontakte aufzunehmen und in Ruhe zu plaudern. Jeder fühlt sich unbeschwert, unbeobachtet und kann nach einem guten Glas bulgarischen Rotweins unbekümmert seine Meinung sagen.

Die Speisewagentypen SK haben ein Platzangebot von 48 Sitzplätzen, aufgeteilt in 2 Räumen. Da die Wagen vollklimatisiert sind, haben die Hersteller starre Fenster eingebaut. Die Küche ist ca. 8 qm groß und besitzt einen Küchenherd für feste Brennstoffe. Warum man nicht vonseiten der sowjetischen Bahnverwaltungen auf Gasfeuerung gedrängt hat, ist mir unerklärlich. Das gleiche gilt auch für die kohlegefeuerten Samoware. Ansonsten ist die Küche mit allen erdenklichen Zusatzmaschinen und Gerätschaften ausgerüstet, die ein Weitstreckenwagen benötigt. Ein 28 und ein 50 Kilowattgenerator versorgen das Fahrzeug mit Energie (110 Volt). Der Weitstrecken-Personenwagen AYL wurde 1969/70 von der SZD zum Einsatz gebracht. Er ist eine Weiterentwicklung der 47 K-Typen. Der Wagenkörper hat eine Ganzisolierung aus Polyurethan-Hartschaum erhalten. Die neu entwickelten Drehstromgeneratoren versorgen das Bordnetz mit 220/380 Volt 50 Hz Wechselstrom. Eine problemlose Netzversorgung in den Endbahnhöfen ist dadurch gewährleistet. Die Bahnverwaltung unterzog gerade dieses Fahrzeug einer extremen Versuchsreihe, die sehr positiv verlaufen sein soll. Als das modernste Fahrzeug aber kann der AXL 326 gelten. 1972 hatte die Fachwelt Gelegenheit, in Leipzig diese Konstruktion zu bewundern. Zur Ausrüstung gehören die modernen Drehgestelle KBS-ZN II. Eine 800 kW Durchgangsleitung für 3000 Volt Gleichstrom und Wechselstrom 50 Hz sowie genormte Übergangs- und Kupplungseinrichtungen ergänzen das technische Knowhow.

Seit 1964 setzt die SZD auch die im ganzen Comecon-Lager so sehr geschätzten Doppelstock-Personenwagen für den Berufsverkehr ein. Die Fahrzeuge lassen im Verband eine Geschwindigkeit von 120 km/h zu. 25 300 mm mißt die Wagenlänge. Die Anzahl der Sitzplätze beträgt 136. Die Eigenmasse mit 52 t liegt äußerst günstig. Abschließend kann gesagt werden, daß der Personenwagenpark der sowjetischen Eisenbahn gänzlich erneuert wurde, wenn auch die ersten Neubauserien in Komfort und Technik als überholt gelten. Aber welcher Eisenbahnverwaltung geht es in der schnellebigen modernen Zeit gerade in diesem Punkt besser als der SZD. Der jahrzehntelange Personenwagenengpaß mit all den widrigen Erscheinungen ist aber für die UdSSR nicht mehr akut.

Güter- und Spezialwagen

Die Entwicklung der russischen und sowjetischen Güterwagen ist recht interessant. Wie bei den Personenwagen, so mußten auch hier bei der Produktion und Erhaltung der einzelnen Gattungen manche Schwierigkeiten überwunden werden. Die Chefkonstrukteure und Waggonbautechniker der sowjetischen Herstellerwerke haben im Grunde genommen nur wenige Teile ihrer Konstruktion dem Ausland nachempfunden. Der überwiegende Teil der Konstruktionen entspringt der eigenen Feder, was sich heute in den Waggons der SZD widerspiegelt. Ganz augenscheinlich tritt das bei den Spezialfahrzeugen der Raumfahrttechnik und den Gleisverlegeeinheiten und den Schwertransportern zu.

Die Entwicklung und Zielsetzung bei der Bestimmung der Größenverhältnisse im sowjetischen Güterwagenbau deuten darauf hin, daß die Belange nur auf das eigene Land zugeschnitten sind.

In den Eisenbahngründerjahren des 19. Jahrhunderts herrschte der Zweiachser vor. 10 t Last galten als Durchschnitt. Man stellte gedeckte und Flachwagen her, es folgten Kesselwagen und um 1870 sogar Kühlwagen. Der Bau von Kesselwagen aller Größenordnungen war von jeher mit großem Eifer betrieben worden, zumal sich Rußland und später die UdSSR mit an die Spitze der erdölfördernden Länder schob. Bis zum Ersten Weltkrieg baute man Waggons mit steigender Tragkraft, wobei eine gewisse Baunormung eingehalten wurde. Zu dieser Zeit tauchten auch die ersten Serien-Vierachser auf. Das Güterwagenbauprogramm erlitt durch den Ersten Weltkrieg und die anschließenden Revolutionszeiten große Rückschläge.

Die vorhandenen Typen waren mehr als reparaturbedürftig und verursachten viele Störungen in der Transportphase. Von 400 000 Güterwagen sollen ca. 140 000 auf Abstellgleisen gestanden haben. Den Sowjets gelang es erst in den 30er Jahren die Produktion wieder anzukurbeln, nachdem vorrangig die Reparatur des bestehenden Fuhrparks vorgenommen werden mußte.

Zwischen 1926 und 1939 lieferten die Herstellerwerke zwei- und vierachsige Fahrzeuge ab. Seit Ende 1960 sind Zweiachser im Verkehrsablauf der Bahn selten. Nur noch 5 Prozent des gesamten Gütertransports entfallen auf Zweiachser. In den 70er Jahren sollen diese Typen endgültig ausrangiert werden.

Neben den Universalgüterwagen rückt der Spezialwagen immer deutlicher in den Vordergrund. Lange Zeit glaubte die SU mit wenigen Typen auszukommen. Die moderne Wirtschaft verlangt aber eine breite Palette von Spezialwagen, um ihre Erzeugnisse schnell, schonend und günstig transportieren zu können. So baut die Industrie vermehrt Waggons für den Transport von Zement, Erzen aller Art, Bitumen, Autos, Nahrungsmitteln und Containern.

Die in großer Zahl vorhandenen Güterwagen der SZD setzen sich aus Flachbordwagen, Hochbordwagen, den gedeckten Güterwagen und den Kesselwagen zusammen. Vierachsige Fahrzeuge haben alle einheitliche Drehgestelle.

Ein Handikap ist zumindest für geraume Zeit noch das Achslager selbst. Ein Großteil der Fahrzeuge verfügt über Gleitlager, die Neubauten und Rekonstruktionen dagegen über Rollenlager.

Bei Güterzügen, in die beide Arten eingestellt sind, tritt zwangsläufig eine Fahrtverminderung ein, da sich die Geschwindigkeit auf das Fahrzeug mit Gleitlager ausrichten muß. Dieser unhaltbare Zustand wird von der SZD wie geplant baldmöglichst beseitigt. Die Waggons mit Rollenlager sind durch ein Symbolzeichen gekennzeichnet. Oft sieht der Reisende, vor allem bei Universalwagen, zwei Bauausführungen. Die ältere Bauart in Holz- und die Neubauten in Metallausführung.

Bei der enormen Be- und Auslastung der Waggons zeigt sich, daß die mit Holz ausgerüsteten Fahrzeuge stark leiden und daher oft reparaturbedürftig sind. Die Gesamtmetallwagen sind zwar im Herstellungsprozeß und bei den Materialkosten teurer, zeichnen sich dafür aber durch eine wesentlich größere Lebensdauer und Funktionstüchtigkeit aus.

Die SZD-Niederbordwagen haben ein Zuladegewicht von 60 t. Rungen können nicht eingesetzt werden. So eignet sich das Fahrzeug also nicht zum Holztransport. Die zweite Variante der Niederbordwagen soll für 100 t ausgelegt sein.

Die Hochbordwagen bilden das Rückgrat des gesamten Transportwesens der SZD. Sie müssen die meisten Güter aufnehmen, so z. B. Schüttgut, Holz, Röhren, ja sogar Paletten. Das Ladegewicht dieser Gruppe variiert von 60 bis 120 t.

60 t = 4 Achsen,

94 t = 6 Achsen

und 125 t = 8 Achsen.

Der überwiegende Teil ist in Ganzmetallausführung. Zum Entladen dienen mehrere Entladeöffnungen im Boden, deren Verschlußmechanismus um eine Mittelachse gelagert ist. Die Vierachser haben eine Länge von 12 700 mm, eine Höhe von 3770 mm und eine Breite von 3240 mm.

Der Sechsachser hat ein Eigengewicht von 31,5 t, seine Ladefläche mißt 41,7 qm. An Schüttgut kann er 104 cbm aufnehmen. Gesamtlänge 14 338 mm.

Das imponierendste Fahrzeug, der Achtachser, hat ein Eigengewicht von 43,7 t, die Ladefläche wird mit 54,7 qm und der Inhalt mit 137,5 cbm angegeben. Gesamtlänge dieses Fahrzeuges ohne Kupplung 18 776 mm.

Die gedeckten Güterwagen der SZD werden sowohl für den Stück- sowie dem Tier- und Schüttguttransport eingesetzt. Ein Großteil wurde in den 60er Jahren mit einem Tonnendach versehen. Der Inhalt dieser Umbautypen konnte damit vergrößert werden. Dachladeluken, gesichert durch Laufbretter, komplettieren die Konstruktion. Bei 21,8 t Ladegewicht beträgt die Zuladung 62 t. Die Grundfläche ist mit 38,1 qm, der Inhalt mit 120 cbm angegeben. Ohne Kupplung beträgt die Länge 13 800 mm.

Die Wagen der modernen Bauart haben breite Schiebetüren und einen Waggonboden, der das Befahren mit Gabelstaplern zuläßt.

Die Kesselwagen kann man ebenfalls in 3 Größenordnungen einteilen: 1. den Vierachser, 2. den Sechsachser und 3. den Achtachser. Auch diese Fahrzeuge sind echte Athleten und Schwerarbeiter in Rußland. 25 verschiedene Kesselwagentypen für alle Bereiche der Wirtschaft hat die SZD in Dienst gestellt. Der Inhalt der einzelnen Kesselwagen beträgt 50 cbm, 101 cbm und 136,8 cbm.

Die in den letzten Jahren immer häufiger eingerichteten Großbaustellen, verteilt über das ganze Land, machen den Einsatz von Zementtransportern erforderlich. Hierfür hat die Bahnverwaltung von der Industrie einen Silowagen erhalten, der 58 t losen Zement laden kann, bei einem Eigengewicht von 26,4 t und 49 cbm Kesselinhalt. Seine Länge mißt 12 020 mm. Das Entleeren geschieht mit Druckluft. Als ein sehr modernes Fahrzeug kann der Selbstentladewagen Typ 902 V gelten. Er dient der SZD vorwiegend als Bahndienstwagen und befördert Schotter, Splitt und Kies. Wahlweise kann der Hersteller ein Bremserhaus anbauen. Fahrzeugrahmen und Trichter sind geschweißt. Diese Fahrzeugart ist mit einer Entladeeinrichtung ausgerüstet, die ein dosiertes Verteilen der Ladung bei einer Geschwindigkeit von 3—7 km/h zuläßt. Als weitere Spezialwagen verkehren seit 1971/72 Autotransporter ähnlich der Bauart der Deutschen Bundesbahn. Seit neuerer Zeit gibt es auch Autoreisezüge, in denen diese Wagen Verwendung finden. Hauptsächlich aber dienen sie zum Abtransport der Erzeugnisse aller russischen Autofabriken. Der doppelstöckige Autotransporter ist in der bekannten Waggonfabrik Kalinin entworfen worden. Die Großserien laufen im Fünfjahresplan 1971—1975 vom Band.

Die Herstellung dieses Fahrzeugtyps gehört praktisch in den Bereich der Reisezugwagenherstellung, da gute und hohe Laufgeschwindigkeiten, Bremsvermögen und die verschiedenen Durchgangsleitungen den Weitstreckenwagen angeglichen werden müssen. Es ist daher nicht verwunderlich, daß die erfahrenen Fahrzeughersteller aus Kalinin den Auftrag zusätzlich übernehmen mußten, trotz der angespannten Kapazitätsauslastung in anderen Bereichen.

Das Fahrzeug hat eine Ladelänge von 16,5 m und wiegt 26,7 t. Die Maße sind so ausgelegt, daß je nach Fahrzeugtyp zehn Autos verladen werden können. Zum Transport gelangen vorrangig der »russische Italiener Shiguli«, der Moskwitsch und die SAS 966 Limousine.

Der Autotransporter verfügt über Umsetzradsätze, so daß ein Umladen der Pkws an den Grenzbahnhöfen in die Nachbarstaaten entfällt.

Für die Bereitstellung hochwertiger Lebensmittel verfügt die SZD über einmalige Kühlwagen-Sonderkonstruktionen. Schon 1902 verkehrten vierachsige Kühlwagen im russischen Reich. Bereits zur damaligen Zeit bildeten sie eine echte Transporthilfe, um schnell verderbliche Waren in die Verteilungszentren zu bringen, wenn auch das Konstanthalten eines bestimmten Kühlgrades umständlich, zeitaufwendig und teuer war. Erwähnenswert sind 4 fahrbare Kühlketten, die zu beschreiben von Interesse sein dürfte.

1. SZD Gefrierzug GFZ 4
2. Kühlzug ZB 12
3. 21-Wagen-Großkühlzug
4. Kühlzug mit Waggons MK 4 SU in Kombination mit dem Dieselmannschaftswagen ZB 5 SU.

Der Gefrierzug GFZ 4 kann sicher nur als eine Zwischenlösung gelten. In Ermangelung von stationären Gefrierhäusern oder Gefrieranlagen nach 1945 versuchte die SZD durch fahrbare Gefrierfabriken diese Mängel zu beheben.

Vier Waggons bilden eine Zugeinheit. Für die Energie aller Fabrikationsanlagen sorgt ein Dieselelektrowagen, in dem 3 Dieseldrehstromaggregate mit je 150 PS installiert sind, außerdem 1 Hilfsdieselaggregat von 40 PS. Eine komplette Werkstatteinrichtung mit Drehbank, Tischbohrmaschine und Ersatzteilschränken sowie der Hauptschalttafel vervollständigen den DE-Wagen.

Der durch einen Faltenbalgübergang verbundene zweite Waggon ist der Kältemaschinenwagen mit den Kältekompressoren und allen zu einer Tiefkühlung erforderlichen Geräten. 140 000 Kcal/h bei minus 35° C beträgt die Kälteleistung. Als Kältemittel dient Ammoniak.

Elf Fühler einer Fernthermometeranlage messen die Temperatur im Gefriertunnel des Einfrierwagens.

Die interessanteste Konstruktion dieses einmaligen Zuges stellt der Einfrierwagen selbst dar. Seine Leistung beträgt z. B. 20 t Fisch oder 10 bis 18 t Obst und Gemüse pro Tag bei 21stündiger Arbeitszeit. Der Wagen ist in 3 Räume eingeteilt, und zwar dem Vorbereitungsraum, in dem das Gefriergut in Portionsschalen und die wiederum in Gefriergestelle gelegt werden und anschließend dem Gefrierraum mit zwei Gefriertunnelanlagen.

Die Gestelle mit den Portionsschalen durchlaufen den Tunnel, wobei das Gut tiefgefroren wird. Der letzte Raum dient als Entlade- und Verpackungsraum.

Sollte ein Kühlzug zur Aufnahme der Tiefkühllebensmittel nicht sofort bereit stehen, hat der Gefrierzug einen Vorratswagen, der durch ein Transportband mit dem Einfrierwagen verbunden ist. Ein Drittel des Wagengrundrisses dient der Bedienungsmannschaft als Mannschaftsraum. Neben Dienstabteil und Ruheraum ist eine Küche, eine Toilette mit Wasch- und Duschraum vorhanden. Als Zubehör zum Gefrierzug gehören vielerlei Gerätschaften, so z. B. zwei Sperrbalken zur Gleissperrung, diverse Lampen und Kabel zur Platzbeleuchtung vor dem Zug und transportable Plattform- und Waschbehälter für die benutzten Gefrierschalen.

Außer 8 Mann Stammpersonal werden in den Schichten 3 x 9 = 27 Helfer zur Beschickung des Zuges benötigt. Der GFZ 4 wiegt 270 t und hat eine Länge von 80 m. Betriebsstoffvorräte können für 6 Tage mitgeführt werden.

Die logische Fortentwicklung bei dem Vorhandensein von Gefrierzügen sind die Kühlzüge, die die Waren über große Entfernungen abfahren und dem Verbraucher zuführen. Kühlen heißt nicht immer, eine Temperatur unter 0° zu halten, sondern eine der Ladung entsprechende Kühlzone konstant zu halten. Die SZD-Kühlzüge oder Waggons können eine Temperatur von − 18 bis + 18° C bei einer Außentemperatur von + 30 bis − 45° C halten.

Als eine der ersten Kühlzugkonstruktionen gilt der ZB 12. Er besteht aus der Kombination eines Dieselmaschinenwagens mit Mannschaftsraum, einem Kältemaschinenwagen und 10 Ganzmetall-Kühlwagen. Gesamtgewicht dieses Zuges 557,5 t, Länge 218 m, Ladegewicht 400 t bei einer Ladefläche von 380 qm. Kühlung und Heizung ermöglichen eine Waggontemperatur von −12 bis +12° C. Da alle Wagen achshalterlose Personenwagendrehgestelle haben, eignen sie sich für Geschwindigkeiten im Bereich von 100 km/h. Um auf Einzelheiten näher einzugehen, möchte ich den 21-Wagen-Großkühlzug, eine Fortentwicklung des ZB 12, beschreiben, zumal das Herstellerwerk mit dem Kühlzugmaschinenwagen einen einfacheren und fast problemlosen Weg eingeschlagen hat.

Der 21 WGZ bildet in gewisser Hinsicht den Abschluß des Solekühlverfahrens. Das Prinzip der Kälteübertragung bei beiden Zugkonstruktionen beruht auf Kühlsole, die durch Schlauchleitungen von Wagen zu Wagen geleitet wird und in dem Rippenrohr-Kühlsystem der Waggons die Raumtemperatur regelt. Die Solekühlzüge erfordern einen hohen Unterhaltungsaufwand und können nur im Verband fahren.

Ich habe zwar in Nowosibirsk Teilverbände gesehen, d. h. nur 3 oder 4 Solekühlwagen mit den erforderlichen Spezialwagen. Dies dürfte sicher nur eine Ausnahme bilden, da es unrationell ist, einen kompletten Maschinensatz mit nur wenigen Kühleinheiten zu fahren.

Der WGZ wird aus 2 Kühlwagen mit Bremserhaus an den Zugenden, 16 Kühlwagen ohne Bremserhaus, einem Dieselmaschinenwagen einem Kältemaschinenwagen und einem Mannschaftswagen mit Küche, Schlafabteil, Brausebad, Toilette und einem gemütlich eingerichteten Aufenthaltsraum gebildet. Sechs Personen sind zur Betreuung erforderlich. Die Nutzfläche des Zuges beträgt rd. 720 qm, die Zuladungsmasse rd. 760 t. Mit 960 t Zuggewicht hat eine Lokomotive schon einen recht stattlichen Spezialzug zu befördern. 7,5 t Wasser und 17,5 t Treibstoff machen den Zug zu einer unabhängigen Einheit. Die Höchstgeschwindigkeit beträgt 120 km/h. Sämtliche Wagenkästen sind in Stahl-Leichtbauart geschweißt.

Die Spezialwagen sind durch Übergänge verbunden, so daß es möglich ist, während der Fahrt eine Inspektion vorzunehmen. Zur Energieversorgung stehen dem weißen Zug 4 Dieseldrehstromaggregate als Hauptanlage (560 PS), ein Konstantspannungsgenerator und ein Dieselaggregat als Hilfsanlage zur Verfügung.

Bei erforderlichen Energiespitzen können die Hauptaggregate im Synchronbetrieb laufen. Die Wartungszentrale für alle Kraft- und Kälteanlagen befindet sich in der Wagenmitte. Das fahrbare Kraftwerk enthält außerdem noch die Batterien, Gleichrichter, Treibstoff- und Wasserbehälter, Treibstoffpumpen usw.

Der Kältemaschinenwagen beherbergt zwei gleichartige Kältemaschinen, die nach dem Kompressionsprinzip mit Ammoniak als Kältemittel arbeiten. Die Sole, die als Kühlmittel von Wagen zu Wagen fließt, wird in einem Röhrenkesselverdampfer gekühlt. Es besteht also ein Zweikreis-System. Die Heizung der Kühlwagen erfolgt durch Widerstand-Heizkörper in jedem Wagen.

Die Kühlwagen selbst sind mit Polystrolhartschaum isoliert. Die Inneneinrichtung ist verzinkt und mit Bodenrosten ausgelegt, die ein Befahren durch Gabelstapler zulassen.

Die Solekühlzüge haben sich auch in ihrer Betriebssicherheit absolut bewährt, trotzdem ist die SZD zu einem anderen System übergegangen. Das neue Konstruktionsprinzip beruht darauf, jeden Kühlwagen mit einer eigenen Stromerzeugungsanlage und einem Kühlgerät auszurüsten. So besteht die Möglichkeit, die Waggons einzeln oder in Gruppen Normalgüterzügen oder sogar Personenzügen beizustellen. Auch auf den Gleisanlagen des Verladers kann dadurch problemloser rangiert werden. Nach dem Beladen in kleineren Unterwegsbahnhöfen erfolgt eine Zusammenstellung in den Hauptknotenpunkten. Von hier aus übernimmt dann ein Dieselmannschaftswagen die Energieversorgung eines ganzen Zuges. Die Stromerzeugungsanlagen der Kühlwagen werden in diesem Falle abgestellt. 8 solcher Waggons können max. 10 Tage versorgt und auf die Reise geschickt werden. Anläßlich der Hannover-Messe 1970 stellte der Hersteller den vierachsigen Kühlwagen MK 4 SU und den Dieselmannschaftswagen ZB 5 SU vor. Die technischen Daten des Kühlwagens lauten:

MK 4 SU
Länge 22 080 mm
Laderaum 100 cbm
Dienstmasse 45 t
Nutzmasse 39 t
5 Kühlstufen — 18, + 13° C.

Zum Abschluß sollen auf keinen Fall die Gleiserhaltungsfahrzeuge unerwähnt bleiben, die zum überwiegenden Teil die Sowjetunion selbst herstellt. Bekannt sind 2 Gleisbaugeräte, die Gleisjoche von 25 m-Schienen verlegen, dabei ist das Platowgerät mit dem Kranausleger das am häufigsten anzutreffende. Zwei Laufkatzen bringen die Joche von den Flachwagen auf das Schotterbett. Auf diese Weise können Schienen einschließlich Schwellen gelegt und abgebaut werden. Stundenleistung 1,5 bis 2 km.

Das neue Brückenbaugerät läuft auf Raupenketten und wird von einem Raupenschlepper gezogen, dessen Ketten einen Spurkranz besitzen. Dieser stimmt mit der Spurweite des Schienenstranges überein. Das Gesamtgerät fährt bei der Verlegearbeit über den Gleistransportzug und holt die einzelnen Joche um sie auf den vorbereiteten Bahndamm zu legen. Fahrbare Schweißmaschinen, Stopf- und Schotterbettreinigungsmaschinen, Superkräne für den Brückenbau, Schneeräumeinheiten ergänzen den Fuhr- und Unterhaltungspark der SZD.

Diesellokomotiven

Reihe	erstes Bauj.	Achs-folge	Gattung	Leistung PS	Dienst-t	Höchst-km/h
E^{EL} 2	1924	1'Eo1'	G	1000	92	50
St$_{sch}^{EL}$ 1	1924	(1'Co)Do(Co1')	U	1000	160	75
E^{Mch} 3	1927	2'E1'	G	1050	88	55
E^{eL} 5	1931	2'Eo1'	G	1200	99	55
O^{EL} 6	1932	1'D1'	R	650	73	55
O^{EL} 7	1930	1'Do	R	600	86	55
E^{EL} 8	1933	2'Eo1'	G	2x825	107	65
E^{EL} 9	1932	2'Eo1'	G	1050	98	55
O^{EL} 10	1933	1'D1'	R	600	72	55
O^{EL} 11	1933	1 Do	R	600	86	55
WM 20	1934	2'Do1'	G	1050	79	72
AA 1	1935	C'	R	300	42	60
AMG 5	1960	C'C'	R	1100	120	35/70
WME 1	1959	Bo'Bo'	R	600	74	80
D^A	1944	Co'Co'	RG	1000	121	96
D^B	1945	Co'Co'	G	1000	123	96
MG 1	1956	B	R	200	28	30/60
MG 2	1957	B	R	400	32	30/60
MG 3	1960	C	R	600	48	30/60
TG 100	1959	B'B'	G	2000	80	120
TG 102	1960	B'B'	G	2000	80	120
TG 105	1961	B'B'	G	2000	80	120
TG 106	1961	C'C'	G	2x2000	128	120
TG 300	1961	C'C'	P	2x1500	113	140
TG 400	1962	C'C'	P	2x2000	123	160
TGk	1958	B	R	150	25	30/60
TGM 1	1956	C	R	400	48	30/60
TGM 2	1958	B'B'	R	750	70	30/60
TGM 3	1959	B'B'	R	750	68	62/90
TGM 10	1961	C'C'	R	1200	121	100
TGP 50	1962	C'C'	P	4000		140
TG^E	1959	C	R	600	48	110/30/60
TE 1	1947	Co'Co'	G	1000	124	95
TE 2	1948	Bo'Bo'	G	1000	85	95
TE 3	1953	Co'Co'	G	2000	126	100
TE 4	1952	Bo'Bo'	G	1000	262	100
TE 5		Co'Co'	G	1000	127	90
TE 7	1957	Co'Co'	P	2000	126	140

Diesellokomotiven

Reihe	1. Bauj.	Achs-folge	Gat-tung	Lei-stung	Dienst-masse	Höchst-geschw.
TE 9		Co'Co'	G	3000	272	110
TE 10	1958	Co'Co'	G	3000	132	100
TE 11	1960	(1'Co)Co'	P	3000		
TE 15		Co'Co'	P	3500		160
TE 30	1961	Co'Co'	G	2000	118	100
TE 50	1959	Co'Co'	U	3000	143	100
TE^L	1958	Bo'Bo'	R	750	72	70
TEM 1	1958	Co'Co'	R	1000	122	100
TEM 2	1960	Co'Co'	R	1200	122	100
TEP 60	1960	Co'Co'	P	3000	126	160
T$_{sch}$ ME 2	1959	Bo'Bo'	R	750	74	70
TG 400	1962	C'C'		4000	123	160
M 62	1964	Co'Co'		2000	116	100
TR 102	1961	Bo'Bo'+Bo'Bo'	U	4000	160	120
TE 40	1966	Co'Co'	G	3000	126	100
TE 109			U	3000		
GP 1		Co'Co'	P	3500	129	160
TGM 5		Bo'Bo'+		2·1200	2·88	80

Dieseltriebwagen

Reihe	1. Bj.	Wg.-zahl	Leist. PS	Höchst-geschw.
DP–01–08	1950	6	1640	104
DP–1–10	1945	3	620	120
DP–11	1944	2	840	125
DP–12	1944	2	840	125
DP–13	–	2	550	160
DP–14	1938	3	1200	160
DP–15	1938	3	1200	160
DO–21	1961	3	2x500	120
DP 2	–	4	2x600	120

Gasturbinenlokomotiven

	Bauj.	Achs-folge	Reib.-last	Höchst-geschw.
G 1	1959	Co'Co'	140	100
GT 101	1960	C'C'	126	100

Elektrolokomotiven

Typ	Achs-folge	1. Bauj.	Gat-tung	Dienst-masse	Std.-leistung	Höchst-geschw.
WL 8	Bo'Bo'+Bo'Bo'	1955	G	180 t	4100 kW	100
WL 19	Co'Co'	1934	U	117	2030	85
WL 22	Co'Co'	1938	U	132	2080	70/85
WL 22^M	Co'Co'	1946	U	132	2340	75/95
WL 23	Co'Co'	1956	U	138	3060	100
WL 0	Co'Co'	1954	G	132	2400	85
WL 40	Bo'Bo'	1962	P	86	3200	160
WL 41						
WL 60	Co'Co'	1962	U	138	4140	110
WL 60^P	Co'Co'	1961	P	129	3900	130
WL 60^R	Co'Co'	1962	G	138	4140	100
WL 60^K	Co'Co'	1962	G	138	4140	100
WL 62	Co'Co'	1961	U	138	4340	100
WL 80	Bo'Bo'+Bo'Bo'	1962	G	184	6200	110
WL 64 K	Co'Co'	1963	G	138	4800	100
K	Co'Co'	1961	G	138	3060	100
OR 22	Co'Co'	1938	G	132	2040	85
PB 21	2'Co2'	1934	P	67	2040	140
S	Co'Co'	1932	G	132	2040	75
S^I	Co'Co'	1933	G	135	2245	65
S$_S$	Co'Co'	1932	G	132	2040	70
Sk	Co'Co'	1936	U	132	2040	90
SK^U	Co'Co'	1938	U	138	2650	92
T 8	Bo'Bo'	1961	G	92	2535	100
F	Co'Co'	1959	G	138	4650	100
F^P	Co'Co'	1959	P	131	4620	160
TSch S 1	Bo'Bo'	1957	P	85	2285	120
Tsch S 2	Co'Co'	1958	P	114	3430	140
Tsch S 3	Bo'Bo'	1961	P	85	2800	120

Typ	Achs-folge	1. Bauj.	Gat-tung	Dienst-masse t	Std.-leistung kW	Höchst-geschw. km/h
WL 10	Bo'Bo'+Bo'Bo		G	184	5070	100
WL 80^K	Bo'Bo'+Bo'Bo'		G	184	6240	110
WL 82	Bo'Bo'+Bo'Bo'		G	184	5600	110
52 E	Co'Co'	1969	P	124	5100	160
E 499.0	Bo'Bo'	1950		80	2344	120
ER 9				605	3600	130

Elektrotriebwagen

Reihe	1. Bj.	Achs-folge	Dienst-masse	kw	Höchst-geschw.
–	1926	Bo'Bo'		300	75
S$_W$	1929	Bo'Bo'		600	85
S$_D$	1934	Bo'Bo'		660	85
S^R	1947	Bo'Bo'		680	85
S$^R_3$	1952	Bo'Bo'		770	85
NO 12	1961	Bo'Bo'		–	–
ER 1	1957	Bo'Bo'		800	130
ER 5	1959	Bo'Bo'		800	130
ER 6	1959	Bo'Bo'		740	130
ER 7	1959	Bo'Bo'		800	130
ER 10	1960	Bo'Bo'		740	130
ER 11		Bo'Bo'	541,6	3600	130
ER 22		Bo'Bo'	521,6	3680	130
ER 9		Bo'Bo'	605	3600	130

6. Kapitel

Schotterbett — Schwelle — Schiene

Anfang 1970 wurde in einer Fachzeitschrift eine Kurzmeldung veröffentlicht mit der Überschrift: Die sowjetische Eisenbahn ändert Spurweite der Gleise. Eine Nachricht, die für Kenner des Bahnwesens der Sowjetunion fast unglaublich schien. Eine konsequent durchgeführte generelle Spurweitenänderung bedeutete für das Riesenland eine glatte Kapitulation vor unüberwindbaren technischen Schwierigkeiten und vor allen Dingen aber den finanziellen Möglichkeiten des Landes. Warum auch eine andere Spurweite?

Die Spurweite von 1524 mm hatte sich von Anbeginn bewährt und gilt als Einheitsmaß der SZD, abgesehen von Schmalspur- oder Industrie- und Waldbahnen, die verschiedene Gleisabstände aufweisen. Die Spurweitenänderung, die von der Bahnverwaltung beschlossen wurde, soll etwas ganz anderes bewirken, zumal die Differenz nur 4 mm beträgt.

Der Bahnreisende wird bald die Feststellung machen, daß der Oberbau insgesamt gesehen, daß Sorgenkind der SZD ist. Die Gründe hierfür sind verschiedener Art. Durch einen engeren Gleisabstand will man erreichen, daß das Verlaufen der Dreh- und Fahrgestelle gemildert wird und dadurch zugleich Schiene und Schwelle vor unliebsamen Seitenkräften bewahrt. Vor allem das lückenlose Gleis kann durch einen engeren Abstand stabiler gemacht werden.

Bei Streckenneubauten, Gleisauswechselungen und Gleiserneuerungen wird das Maß von 1520 mm in Zukunft bindend sein. In einer gewissen Übergangszeit wird bei Holzschwellen und Gleisverlegung eine Spur von 1520 mm mit einer Toleranz von plus 6 minus 4 mm festgelegt. Bei einer Gleisjochverlegung auf Neubaustrecken gilt aber schon jetzt das Maß von 1520 mm plus 1 minus 2 mm Toleranz. Spurweitenkorrektur dürfte der richtige Ausdruck sein und nicht Spuränderung.

Wie ist es aber überhaupt in Rußland zu dem Maß 1524 mm gekommen, da doch die Entwicklung der mitteleuropäischen Strecken im neunzehnten Jahrhundert auf das Einheitsmaß von 1435 mm ausgerichtet war? Strategische Gesichtspunkte dürfen den Ausschlag gegeben haben. Was sich aber in den Zeiten der letzten kriegerischen Auseinandersetzungen als nützlich erwiesen hat, beim Aufbau der östlichen Länder und der Schaffung des Comecon, können transportökonomische Schwierigkeiten im Bahnwesen nicht von der Hand gewiesen werden.

Franz Anton von Gerstner, Österreicher, war der erste Eisenbahnpionier im alten Rußland. Er baute dem Zaren Nikolaus I. den ersten Schienenstrang und legte als Maß sechs englische Fuß zugrunde. Der Österreicher hatte aber wenig Glück mit seinen Ideen und erst der Amerikaner Wistler kann als zaristischer Streckenbauer gelten. Er war es auch, der die heutige Paradestrecke der SZD, die Oktoberbahn in ihrer ursprünglichen Linienführung projektierte und baute.

Eine zeitlang gab es drei Spurbreiten in Rußland u. a. auch die der Warschau-Wien-Bahn mit der europäischen Spurweite von 1435 mm. Aber diese Erscheinungen können nur als kurzzeitig bezeichnet werden, da sich schnell und ohne Widerspruch die endgültige Breitspur mit 1524 mm etablierte. Sie ermöglichte auch den Einsatz wesentlich breiterer und längerer Waggons, wie das bei der Regelspur möglich gewesen wäre.

Als Gegenargument kann man zwar die amerikanischen Waggonmaße anführen, die bei einer 1435 mm Spur in etwa denen der SZD-Wagen-Norm gleichen, man muß aber auch erwähnen, daß die Trasierung im Amerika wesentlich breiter angelegt ist und so größere Waggons zuläßt.

Vor meiner Reise nach Rußland war mir bekannt, daß die Gleisanlagen zum größten Teil auf Sand oder Kies verlegt sein sollten. Ich war erstaunt, selbst auf Hauptstrecken dafür eine Bestätigung zu finden. Das es möglich ist mit schweren Zügen auf solchen Bettungen zu fahren, noch dazu mit genagelten Schienen, steht heute außer Zweifel, trotzdem ist die SZD bemüht, ihr gesamtes Bettungssystem auf Schotter umzustellen. Die Vorteile liegen auf der Hand, weniger Schienenverschleiß, eine feste und sichere Auflage der Schwellen, eine noch höhere Auslastung der Strecken (Gewicht und Geschwindigkeit der Züge), bessere Rekonstruktionsmöglichkeiten durch Bearbeitungsmaschinen, geringere Anfälligkeit gegen Verschmutzung und damit verbunden ein wesentlich trockeneres und frostsicheres Gleisbett.

Bis 1972 dürften ca. 60 Prozent der Bahnstrecken mit einem Schotterbett versehen sein. Der Abschluß dieser kostspieligen und zeitraubenden Arbeit kann Ende der 80er Jahre liegen, wobei die Bahnverwaltung auf einzelnen Nebenstrecken das grobe Kiesbett beibehalten wird.

Warum, so kann man die Frage stellen, hat die Eisenbahn im alten Rußland auf Sand und Kies ihre Schwellen verlegen müssen, warum hat man nicht gleich auf Schotter zurückgegriffen?

Schotter ist in Rußland eine Rarität, obwohl gebirgige Landschaften zur Genüge über das Land verteilt sind.

Weite Landstriche sind fruchtbare gebirgslose Ebenen oder gar Wüsten, endlose Teiga und Tundrasümpfe, in denen nicht ein einziger Stein, geschweige denn Schotter vorhanden ist. Jeder Waggon Schotter muß unter hohen Kosten in die weiten Landstriche transportiert werden. Wer mit der Transsib fährt, wird feststellen, daß die Gebirgsstrecken alle auf Schotter liegen und in den verschiedensten Bahnhöfen dieser Region lange Züge mit Selbstentladewagen vom polnischen

Typ 902 V zum Abtransport für die Baustellen in den Tiefebenen bereitstehen. Neubaustrecken werden, und ist es noch so kostspielig, von Anfang an mit Schotter als Schwellenunterlage versehen. Geradezu vorbildlich ist die Strecke Taischet-Bratsk mit den modernen Gleisanlagen des Bahnhofs Bratsk.

Dagegen verfügen die Flußtäler über genug Sand, Fein- und Grobkies für die Gleisbettung mit kurzen Anfahrten zu den Baustellen. Transportstrecken von 3000 km Länge für Schotter muß die SZD mit Sicherheit hinnehmen, so z. B. in die Wüstengebiete Kasachstan, Usbekistan und Turkmenien. Eine Streckenlinie von Buchara über Kungrad, Makat, Astrachan, Wolgograd-Moskau verfügt über kein angrenzendes Gebiet, in dem Schotter gebrochen werden kann. So muß das Material aus dem Ural und den südlichen Gebirgszonen zum Weitstreckentransport bereitgestellt werden.

Auch das Erstellen der Bahndämme im Wüstengebiet hat viel Lehrgeld gekostet und oftmals waren die Strecken durch Sandstürme gefährdet. Im Endeffekt hat man sich durch das Hochlegen der Bahnanlagen (Dammbau) gegen diese Widrigkeiten abgesichert.

Das Extrem dazu ist der Dammbau in den Sumpfgebieten der Taiga mit Dauerfrostböden. Hier wissen die sowjetischen Bahnbauer manchmal nicht, woher die brauchbaren Erdmassen für die Dämme genommen werden können.

Wenn der Zug den Bahnhof Tjumen in Richtung Omsk verläßt, sieht man zur linken Seite den Damm der Neubaustrecke Tobolsk—Sugart, der in einem gelblichen Ton schimmert, worauf zu schließen ist, daß aus Sicherheitsgründen kein feuchtes Erdreich, sondern Sand als Schüttgut verwendet wurde.

Aber alle diese Probleme zeigen eines deutlich auf, daß die SZD heute uneingeschränkt in der Lage ist, Gebiete, die für das Land von Wichtigkeit sind, mit einem Bahnnetz zu erschließen.

Zur Verstärkung des Oberbaues wird das Verlegen von Betonschwellen maßgebend beitragen, zumal die Schienen dann endlich geschraubt werden. Vom Nageln der Schienen geht die SZD ganz ab, da die Unterhaltung zu kostspielig und zeitraubend ist. Überhaupt machen die genagelten Strecken mit den nicht immer im besten Zustand befindlichen Schwellen keinen vertrauenerweckenden Eindruck.

Diesen Übelstand kennen die Sowjets sehr genau, schon seit Jahrzehnten ist die Schiene und die Schwelle ein leidiges Problem. Die modernen Fahrstraßenerneuerungsmethoden, die wissenschaftlichen Erkenntnisse, die damit zusammenhängen und ein geschultes Personal lassen erwarten, daß die Lücke im Nachholbedarf ständig kleiner wird. Rund 75 000 km Strecke sind Anfang der 70er Jahre rekonstruiert und können als modern und uneingeschränkt befahrbar gelten.

Bei einer Gleisbelastung von 16—20 Mp verlegt die Bahn pro Kilometer 1600 Schwellen, ab 20 Mp 1830 Schwellen. Wie in allen Ländern mit einem ausgeprägten Bahnnetz, so unternimmt auch die Sowjetunion Versuche, die Schienen auf Stahlbetonplatten zu verlegen. Selbst eine teilweise Einführung dieses Oberbautragwerkes hat noch nicht stattgefunden.

Die Schiene, äußeres Erscheinungsbild einer Bahnanlage, dient als Radträger und hat sich zum wichtigsten Bestandteil der Eisenbahn entwickelt. Sie besteht heute aus hochwertigem gewalzten Stahl und weist eine Zugfestigkeit von 90—120 Kg qmm aus. Auf die Schiene selbst hat das alte Rußland und auch die Sowjetmacht immer Rücksicht nehmen müssen. Die Lokomotivpolitik zeigte das am deutlichsten. Bei den Konstruktionen von Zugförderungsmitteln mußte die SZD in den Jahren bis 1950 ständig auf die Achslast achten, da sonst der vielseitige Lokeinsatz auf allen Strecken nicht gegeben war.

Wer sich einmal die Mühe macht, die Konstruktionsmerkmale neuer Lokkonstruktionen zu studieren kann daraus ablesen, daß die Haupt- und auch die Nebenstrecken jetzt auf 20—21 in einzelnen Fällen sogar auf 23 Mp ausgebaut sein müssen.

In Kilo pro Meter ausgedrückt, verfügte die Sowjetunion lange Zeit über ein Metergewicht von 30—40 Kilogramm. In neuerer Zeit hat die Ausrüstung der Strecken mit Schienengewichten von 50 bis 60 Kilo pro Meter, ja sogar 75 Kilo pro Meter ihren Niederschlag gefunden. Der Typ R 65 dürfte als Standardschiene der SZD gelten.

In langen Versuchsreihen haben die Stahl- und Walzwerke die Qualität der Schiene zu verbessern versucht. Die höhere Verschleißfestigkeit beruht auf dem schnelleren Auskristallisieren des Stahls beim Herstellungsprozeß. Das gefürchtete Reißen und Abplatzen der Schienenoberfläche gehört damit der Vergangenheit an. Dauerfahrversuche ergaben eine Mehrbelastung von ca. 20 Mill. Tonnen. Die Strecken mit den schwereren Gleisprofilen werden ausschließlich mittels Großgleisverlegemaschinen bearbeitet. Eine fast 80prozentige Leistungssteigerung ist daher möglich. Ist das lückenlos geschweißte Gleis in Westeuropa eine Selbstverständlichkeit, so kann das für die Sowjetunion noch nicht gelten. Zwar verfügt man über größere Streckenabschnitte durchgehender Langschienen bis ca. 800 m Länge pro Strang, der Großteil aber besteht auch heute noch aus 12,5 und 25 m Schienen. Diese beiden Einheitsmaße resultieren aus der Standardwalzeinheit der russischen Hersteller früherer Jahre.

Das lückenlose Verschweißen von Schienen verlangt eine erstklassige Schotterbettung mit schweren Schwellen und eine Verschraubung. Auch in den sibirischen Landesteilen wird das Klima ein lückenloses Gleis erlauben, wenn die o. g. Bedingungen erfüllt sind.

7. Kapitel

Die Streckenelektrifizierung und ihre Energieprobleme

Das Schema zum Aufbau einer Gesamtversorgung der Sowjetunion mit Energie (Strom) wurde schon von Lenin in dem von ihm aufgestellten Goelroplan gefordert und verwirklicht. Jeder kennt das Schlagwort »Kommunismus ist gleich Sowjetmacht plus Elektrifizierung des gesamten Landes«. Es lohnt sich, auf dieses Thema etwas näher einzugehen, zumal der Infrastrukturträger »Bahn« erst nach dem Aufbau gewisser Energieschwerpunkte mit der Elektrifizierung großer Bahnstrecken beginnen konnte.

Ende der 20er, Beginn der 30er Jahre begann mit dem ersten Fünfjahrplan der Aufbau einer Kraftwerkskette und kleinerer Verbundnetze, die wie Inseln über das Riesenreich verteilt waren und untereinander keinen Energieaustausch vornehmen konnten.

Lenins Plan sah die Steigerung von Energie für den Zeitraum eines Jahrzehnts von ca. 10 Milliarden kWh vor. Der Verbrauch stieg sprunghaft an und so hatte auch die Energiebelieferung Schritt zu halten. In den 50er Jahren mußte eine Zuwachsrate von 25 Milliarden kWh garantiert werden. Diese Stromforderung war nicht zuletzt die Folge des gewaltigen Ausbaues der Schwerindustrie im europäischen Teil Rußlands, im Ural, in Mittel- und Ostsibirien und Kasachstan. Schwerpunkte waren dabei die Stadt Nowosibirsk (das Chikago der Sowjetunion), das Kusbasgebiet, die Baikalregion sowie das neuentstandene Industriegebiet von Bratsk.

Die Russen wurden förmlich gezwungen, eine Kraftwerkskette, bestehend aus Wasserkraft- und Dampfkraftwerken zu bauen und diesen Gesamtkomplex mit einem ausreichenden Verbundnetz zu überspannen. Eine Aufgabe, von der sich der Laie kaum eine Vorstellung machen kann, da nicht nur gewaltige Entfernungen überbrückt, sondern auch ein Gebiet versorgt werden mußte, in dem Dauerfrostboden vorherrscht.

In Bratsk hatte ich Gelegenheit, die 500 kV-Leitungen zu sehen, die in den elektrotechnischen Werken in Nowosibirsk entwickelt, gebaut und die in dem geschlossenen Verbundnetz vom Ural bis zum Baikalsee benutzt werden. Auch besteht bereits eine Verbindung zwischen den Schwerindustriegebieten Weißrußlands, Moskaus, Leningrads sowie dem Ural.

In Irkutsk konnte ich mit einigen österreichischen Diplomingenieuren der Elektrizitätswirtschaft fachsimpeln. Danach bestehen zwischen den einzelnen großen Ringleitungen Sibiriens und Weißrußlands gewisse Schaltschwierigkeiten.

Die Stromversorgung östlich des Baikalsees ist erst im Aufbau begriffen. Von einem eigentlichen Verbundnetz kann in dieser Region noch nicht gesprochen werden. Ein Idealzustand, den die Russen vielleicht schon in den nächsten Jahrzehnten erreichen, wäre eine Stromschiene von der DDR bis nach Chabarowsk am Amur. Der Wert einer so gewaltigen Überlandleitung liegt im Transport und der Abgabe von Nachtstrommengen, wenn man berücksichtigt, daß zwischen der DDR und Ost-Sibirien ein Zeitunterschied von 9 Stunden besteht. Das würde bedeuten, daß das weißrussische Verbundnetz ab Mitternacht große Strommengen nach Ost-Sibirien liefern kann, da dort zu diesem Zeitpunkt morgens 7 Uhr eine Lastspitze entsteht. Die Reihenfolge wäre dann auch umgekehrt möglich. Bis aber dieser Idealzustand erreicht ist, dürfte noch manches Jahr vergehen.

Die Wasserkraftreserven der sibirischen Ströme mit ihren ausgeglichenen Wasserdurchläufen haben die Russen ermutigt, große Kraftwerkketten zu projektieren und zu bauen. So entstand an der Angara das Kraftwerk von Irkutsk mit einer Leistung von ca. 660 000 kW. Das Bratsker Kraftwerk mit 4,5 Millionen kW, das fast vollendete Kraftwerk von Ust-Ilim mit ebenfalls 4,5 Millionen kW, das jetzt größte Kraftwerk von Krassnojarssk mit 5 Millionen kW und das Nowosibirsker Wasserkraftwerk mit ebenfalls 600 000 kW.

Viele große Wärmekraftwerke ergänzen diese Kette. Wenden wir uns der Stadt Bratsk mit seiner hauptsächlichen Lebenskraft, dem Großkraftwerk, zu. Diese Anlage war Chruschtschows Idee, obwohl vieles dafür sprach, daß die gewaltige Energiemenge, die man produzieren würde, zu dem damaligen Zeitpunkt nicht verwendet werden konnte. Das Projekt von Bratsk war bereits vor dem 2. Weltkrieg geplant, es wurde aber erst mit dem Bau der Bahnlinie von Taischet nach Bratsk im Jahre 1955 gebaut. Hauptsächlich junge Freiwillige, entlassene Militäreinheiten und Kriegsgefangene begannen mit dem Bau dieser Anlage.

Das Kraftwerk befindet sich in der Padunstromschnelle, wo das Tal der Angara eine Breite von ca. 800 bis 3000 Meter hat. Der Damm erreicht eine Höhe von 126 m. Die Eisenbahnlinie Taischet Ust-Kut führt über die Dammkrone, dagegen liegt die Straße etwa 13 m tiefer auf einer speziell dafür errichteten Rampe.

Das Großkraftwerk erzeugt jährlich 22,6 Milliarden kW Elektroenergie. Ein großes Umspannwerk versorgt die nähere Umgebung mit 220 kV, ein weiteres Umspannwerk die Ringleitung mit 500 kV. Das Kraftwerk selbst beherbergt 20 Turbinen von je 230 MW-Leistung.

Die Wasserführung zu den Turbinenrädern hat einen Durchmesser von je 7 m. Fertiggestellt wurde die gesamte Anlage Ende Juli 1959. Das Füllen des Stausees dauerte nahezu 2 Jahre, bis August/September 1961. Das Kraftwerk, das sich in Ust Ilim in Bau befindet, wird als eine weitere Unterstützung für die große Industrialisierung dieses gewaltigen Landes betrachtet.

Über eine Zweiglinie der Eisenbahn wurde das gesamte Baugerät, das in Bratsk benötigt worden war, dorthin transportiert. Der Ausbau solcher und ähnlicher Anlagen ermöglichte erst den schnellen und umfangreichen Ausbau der Bahnstrecken mit Energie.

Das Paradestück der Streckenelektrifizierung ist und bleibt die Transsibirische Eisenbahn. Schon mit Ende des Sieben-Jahrplanes 1965 sollten Elektroloks die Züge von Moskau bis nach Wladiwostok befördern. Bis heute aber muß im Bahnbetriebwerk Petrowskij-Sawod Traktionswechseln von Elektro auf Diesel vorgenommen werden. Diese Frage beschäftigte mich sehr. In dem Reisebericht eines westeuropäischen Autors las ich folgenden bezeichnenden Absatz: »Mit langgezogenem Pfiff schiebt sich die schwere Elektrolokomotive in den Bahnhof von Chabarowsk.« Ich war erstaunt über diese Nachricht. Sollte die Ussuri-Bahn von Nachodka-Wladiwostok-Chabarowsk (600 km) doch elektrifiziert sein?

Zu erwähnen ist, daß tatsächlich der Bezirk Nachodka-Wladiwostok mit einem kleinen Netz von 25 kV, 50 Hertz überspannt ist. Von Mansowka über Ussurijsk mit der Abzweigung nach Wladiwostock und Nachodka versehen Loks vom Typ WL 60 den Fahrdienst. Gesamtlänge der Strecke, die unter Fahrdraht steht ist ca. 200 bis 250 km.

Bei meiner Reise 1968 besuchte ich auch die Stadt Chabarowsk. Mein Erstaunen war groß, als ich die Bahnhofshalle dieser Großstadt am Amur durchschritt und den Bahnsteig betrat mit freiem Blick auf das Bahngelände. Nicht die geringsten Anzeichen einer Elektrifizierung oder ihrer Vorbereitung waren zu sehen, wenn man davon absieht, daß die Gleise mit Gleisverbindern überbrückt waren. Bei genauerem Betrachten und Überlegen kann eine Eisenbahnelektrifizierung in der Region Fernost gar nicht möglich sein.

Die Energiereserven der Kraftwerke des Gebietes Amurstahl mit den Städten Chabarowsk, Komsomolsk, Piwan, Sowjetsskaja-Gawan, Tschegdomyn und Sonnenstadt reichen nicht aus, um den östlichen Abschnitt der transsibirischen Eisenbahn mit Energie zu versorgen. Die politischen Verhältnisse erlauben es andererseits aber auch nicht, die dringend erforderliche Regulierung und Ausnutzung des Amurflusses und seiner aus China kommenden Zuflüsse in Angriff zu nehmen.

Eine unwahrscheinliche Energiereserve für beide Länder liegt so brach. Die Seja, ein aus der russischen Taiga kommender Nebenfluß des Amur, wird nun von den Sowjets unter großen Anstrengungen durch ein Kraftwerk am Mittellauf des Flusses reguliert und für die Stromerzeugung eingesetzt.

Nach amtlichen Angaben wird die Leistung auf 1,3 Millionen kW festgelegt. Die Einrichtung dieses Kraftwerkes stammt aus dem Leningrader Großbetrieb »Elektrosila«, dem größten Betriebsverband der Elektroindustrie in der Sowjetunion.

So erhält das Sejawerk 6 der modernsten Hydrogeneratoren von je 215 000 kW-Leistung. Die Hauptstrommenge dieser Anlage wird ausschließlich der Stromversorgung des östlichen Abschnittes der transsibirischen Eisenbahn von Tschita bis Chabarowsk dienen.

In den schwierigen Gebirgsabschnitten der Baikal-Amur-Bahn wird dieses Kraftwerk eine ebenfalls entscheidende Schlüsselstellung einnehmen. Der Staudamm dieses neuen Großkraftwerkes wird nach Fertigstellung über 400 m breit sein. Schon im Oktober 1972 hatte man den reißenden Strom abgeriegelt. Der Stausee selbst wird 225 km lang, bis zu 25 km breit und 90 m tief sein. Das Kraftwerk kann seine Stromerzeugung schon 1975 aufnehmen, selbst wenn der Staudamm seine endgültige Höhe erst zu zwei Drittel erreicht hat. 5 Milliarden Kilowattstunden Strom werden die Turbinen jährlich in das neue Verbundnetz, das ebenfalls erst errichtet werden muß, liefern. Somit dürfte feststehen, daß erst Ende der 70er Jahre der östliche Streckenabschnitt der Transsibirischen Eisenbahn elektrifiziert werden kann.

Wenden wir uns aber den Anfangsjahren der elektrischen Zugbeförderung zu. Alle Industriestaaten, so auch die Sowjetunion, stellten Überlegungen an, welche Vorteile durch eine Elektrifizierung zu erwarten seien. 50 Hz Wechselstrom war in den 30er Jahren aus technischen Gründen noch nicht akzeptabel. Gleichstrom, $16^2/_3$ Hz Wechselstrom oder Drehstrom standen zur Debatte. Man entschied sich für anfänglich 1500, dann für 3000 Volt Gleichstrom.

Bei dieser Art der Lokstromversorgung waren einfache Motorausrüstungen, unkomplizierte Regelschaltungen und einfache Lokomotivinstallationen ausschlaggebend. Auf der Strecke selbst aber war eine äußerst stabile und im Querschnitt großdimensionierte Fahrdrahtüberspannung nötig. Auch die Unterwerke zur Direktversorgung mußten in kurzen Abständen aufgestellt sein. Ein Bahnstromnetz war nicht erforderlich, da die Unterwerke direkt aus dem Landesnetz versorgt werden können. Als weitere Vorteile der Elektrifizierung lassen sich aufzählen:

Lokomotivlangläufe, dichtere Zugfolge, höherer Wirkungsgrad der zugeführten Energie gegenüber Dampf und Diesel, hohe Geschwindigkeit, wesentlich größere Anhängelasten und allgemeine Zuverlässigkeit im Bahnbetrieb.

Die mitteleuropäischen Industriestaaten haben kontinuierlich und schrittweite das $16^2/_3$ Hertz-Wechselstromnetz mit den großen Bahnstromversorgungsleitungen ausgebaut.

Nach dem Kriegsende 1945 hatten die Sowjets die Möglichkeit, in der damaligen sowjetischen Besatzungszone das $16^2/_3$ Hertz-System einer eingehenden Prüfung zu unterziehen. Übrigens taten die Franzosen das Gleiche in der französisch besetzten Zone mit der Schwarzwaldbahn, die versuchsweise von der Reichsbahn in den 30er Jahren auf das 50 Hz-Wechselstromsystem umgestellt wurde.

Man kann es heute kaum glauben, aber die Sowjets demontierten das mitteldeutsche Bahnstromnetz nicht nur aus Materialgründen, sondern es wurde zum Teil alles fein säuberlich abmontiert, wie Kraftwerkseinrichtungen, Oberleitungsmasten und Loks. Mit diesen Einrichtungen und Lokomotiven haben die Russen im Petschoragebiet einen Probebetrieb aufgebaut. Von 1946/47 bis 1951/52 haben so einige unserer braven E 94 (194) im Tundragebiet Dienst verrichten müssen. Mit versetzten Radreifen und an die Drehgestelle angeschraubten SA 3-Kupplungen haben sie ihren schweren Dienst verrichtet. Eingehende Versuche zeigten aber, daß diese Stromart für das weitläufige Land überhaupt nicht in Frage kommen konnte. Man blieb vorerst bei 3000 Volt Gleichstrom.

Bis Kriegsbeginn hatte man ca. 1650 km Streckennetz elektrifiziert. Es bestand kein zusammenhängendes Netz. Die Vorortstrecken von Leningrad, Moskau und Charkow, die Hauptstrecken Kiesel—Swerdlowsk (Ural) 480 km, eine Linie im Kusbas und die Erzbahn im Donbas, Kriwoj Rog Saporoschje können als die Stammstrecken der russischen Elektrifizierung gelten.

Nach dem Krieg wurden im 5. Planquartal 1200 km Strecken noch mit Gleichstrom elektrifiziert. Durch genügend Stromreserven ermutigt, begann nun ein umfassender Ausbau der Strecken und ihrer elektrischen Einrichtungen.

Als zweite Stromart benutzt man zusätzlich Wechselstrom von 25 kV, 50 Hz. Eine Stromart also, die man als den klassischen Industriestrom bezeichnen kann. Pate hierfür dürfte wohl die französische Eisenbahn gestanden haben. Das neue Eisenbahn-Wechselstromsystem 25 kV, 50 Hz bietet zwei wesentliche Vorteile. Durch den geringeren Materialbedarf, vor allen Dingen an Kupfer, läßt sich ein vereinfachtes Oberleitungssystem schneller verlegen als bei den Gleichstromfahrleitungen und die vielen Umspannwerke entfallen.

Außerdem kann bei dieser Elektrifizierungsart Strom von der Bahnstrecke zu den kleinen Städten und Dörfern sowie zu den landwirtschaftlichen Betrieben entlang der Bahnlinien abgezweigt werden. Die SZD schließt kleinformatige Transformatoren an die Oberleitungsmasten an, entnimmt dem Oberleitungsdraht den 25 000 Volt Wechselstrom und transformiert ihn auf den üblichen Industriewert von 220 Volt herab. Ganze Dörfer und kleine Städte werden auf diese Weise heute mit elektrischem Strom versorgt, zumindest entlang der elektrifizierten Eisenbahnstrecken.

Für mich als Laie ist es verwunderlich, daß die gesamte Versorgung in dieser Form reibungslos funktioniert, denn die Installation des Wechselstrom-Oberleitungssystems und auch die Aufhängevorrichtung der Transformatoren ist mehr als einfach. In dem einfachen Aufbau solcher und anderer Industrieanlagen spiegelt sich eine Stärke der russischen Wirtschaft wider. Auf diese Art und Weise umgeht man den teilweisen Ausbau eines Verbundnetzes unterhalb der Spannungsebene von

110 kV. Diese Art der Landwirtschaftselektrifizierung entlang der Bahnstrecke fiel mir im Gebiet von Kirow auf.

Nachdem die Lieferindustrie in der Lage war, große Mengen Material für die 50 Hz-Elektrifizierung bereitzustellen, suchte man Wege, den eigentlichen Elektrifizierungsprozeß rasch voranzutreiben. So beschloß man im Jahre 1952 Spezialzüge zu schaffen, die vom Allunions-Montagebetrieb eingesetzt und gesteuert werden. Ein Zug kann pro Jahr ca. 600 km Fahrleistungsanlagen komplett mit den dazugehörigen Unterwerken installieren. Das bedeutet im Durchschnitt 200 km laufende Bahnstrecken elektrifiziert.

Von den 130 000 km Bahnlinien der Sowjetunion wurden bis 1970 rund 25 Prozent auf Elektrodienst umgestellt. Eine fast unglaubliche Leistung bei den Widrigkeiten der Natur dieses Landes. Die Länge der Gleich- und Wechselstromlinien dürfte 1970 sicher als gleich lang zu bezeichnen sein. Daß in Zukunft nur noch das 50 Hz-System ausgebaut wird, ist sicher.

Zu den 34 000 km elektrifizierten Strecken kommen noch 87 000 km Dieseltraktion. Somit kann man sagen, daß die Dampflokromantik in der Sowjetunion ihr Ende gefunden hat. Alle Hauptlinien von Moskau aus, so nach Leningrad, nach Archangelsk, nach Jaroslawl–Kirow–Perm (Ural), Moskau–Gorki–Kirow–Sibirien, Moskau–Kasan–Swerdlowsk (Ural), Moskau–Kujbyschew–Tscheljabinsk, Moskau–Donbas–Kaukasus und Moskau–Kiew–Lwow–Prag sind elektrifiziert. Außerdem das Industriegebiet Ural von Perm bis nach Magnitogorsk in Nordsüd-Richtung.

Östlich des Urals sind folgende Hauptstrecken erwähnenswert:

Die transsibirische Hauptlinie über Omsk-Nowosibirsk-Baikalsee-Tschita, sowie die südsibirische Eisenbahn über Kartaly-Zelinograd-Barnaul-Abakan-Taischet mit Übergang nach Bratsk und Irkutsk. Elektrische Stich- und Verbindungsbahnen verbinden die einzelnen Industriegebiete noch engmaschiger.

Auch im Süden des Landes beginnt nun der elektrische Fahrbetrieb, wenn auch momentan noch als sogenannter Inselbetrieb. Als Ausgangspunkt dient die Hauptstadt Usbekistan-Taschkent. Die Kraftwerke von Taschkent und Syrdarja sind nun ausgebaut bzw. neu in Betrieb genommen worden. Von 18,3 Milliarden kW 1970 wird die Leistung bis 1974/75 auf 30 Milliarden kW erhöht. So wurde der elektrische Zugbetrieb möglich und 1971 von Taschkent nach Jangijul aufgenommen. In Umstellung befinden sich die Gebirgsstrecken nach Angren sowie nach Cercik. Als Stromart dient 50 Hz-Wechselstrom. Eine endgültige Elektrifizierung der Turkistan-Sibirienstrecke von Barnaul-Semipalatinsk-Aktogai-Alma-Ata-Taschkent dürfte von der SZD sicher geplant sein, zumal zwei wichtige Industrieviere eine schnelle und sichere Strecke durch das Wüstengebiet um den Blachaschsee erhielten.

Alle diese Strecken stellen die Hauptschlagadern des weitläufigen Landes dar, auf dem 80 Prozent der Schwergut- und Massentransporte entfallen.

Die Elektrifizierung der Strecken des Kaukasusgebietes ist 1972 abgeschlossen worden und gilt als beendet, sieht man von einigen Bahnhofserweiterungen ab. Wie einer amtlichen Mitteilung zu entnehmen ist, ist seit Mitte 1972 die elektrische Zugförderung Moskau-Warschau aufgenommen worden. Zwar nicht über die Hauptstrecke Moskau-Minsk-Brest, sondern über die Magistrale der Ukraine mit den Knotenpunkten Kiew-Lwow-Krakow-Warszawa.

Nach eingehenden Versuchen hat die sowjetische Bahn auf den Gleichstromstrecken in den Gebirgsabschnitten die Nutzbremsung eingeführt. So unter anderem im Ural, Sibirien und im Kaukasus. Die Streckenlänge beträgt ca. 2000 km. Ein typischer Abschnitt für die Nutzbremsung liegt zwischen Irkutsk und Sljudjanka. Die Unterwerke liegen in einer Entfernung von nur 15 bis 20 km. Bedingt durch die dichte Zugfolge fließen nicht weniger als 3000 Amp. durch den Fahrdraht. Der Leitungsquerschnitt beträgt hier 600 qmm. Entlastungsleitungen an den Masten sind daher oft erforderlich. Nur 3—4 Prozent der Strommengen werden in den Streckenwiderständen verbrannt. Die Loks der zu Tal fahrenden Züge schalten ihre Motoren auf Stromabgabe, also auf Widerstand.

Die so auftretende Energie wird nicht im Lokwiderstand vernichtet, sondern fließt in das Leitungsnetz zurück. Die Züge selbst treten in diesem Fall als Energiekraft auf. Mit der Luftdruckbremse der Wagen wird nur in Ausnahmefällen zusätzlich gebremst. Dadurch können auf je 10^8 kW/h zurückgewonnene Elektroenergie ca. 4000 t Bremsklötze eingespart werden. Bei schweren und langen Güterzügen (3—7000 t) dürften bei diesem Verfahren aber keine 2achsigen Wagen eingestellt sein. Die Entgleisungsgefahr ist zu groß. Die Art der Nutzbremsung ist ein nicht zu unterschätzender Vorteil des Gleichstromnetzes, den man in Rußland wohl zu nutzen weiß.

Das Vorhandensein zweier Stromarten zur Bahnversorgung, nämlich 3000 Volt Gleichstrom und 25 000 Volt Wechselstrom bringen dem Land ganz ohne Zweifel auch einige unangenehme Nebenerscheinungen ein. Wie in Frankreich, so entschloß man sich in den 50er Jahren, das Industriestromsystem 50 Hz einzuführen, da die technischen Voraussetzungen nun auch für das Bahnwesen gegeben waren. Im Gegensatz zur PKP die bei Gleichstrom bleibt, oder der Deutschen Reichsbahn mit ihren 16 ²/₃ Hz Wechselstromnetz, nahm die SZD das Zweistromsystem in Kauf. Das typische Beispiel einer Stromkombination ist die transsibirische Eisenbahnstrecke Moskau—Baikalsee. So fährt der Rossija von Moskau nach Danilow mit Gleichstrom, von Danilow bis kurz vor Perm mit Wechselstrom, von Perm bis Swerdlowsk (alte Uralstrecke) mit Gleichstrom, von Swerdlowsk bis Ljubino mit Diesel, von Ljubino bis Mariinsk mit Gleichstrom, von Mariinsk bis Sima mit Wechselstrom, von Sima bis Sljudjanka mit Gleichstrom und von Sljudjanka bis Petrowski-Sawod mit Wechselstrom.

Der Abschnitt Danilow-Scharja ist jetzt als letzter Streckenabschnitt der Nordumgehung elektrifiziert. Die Züge können nun von Moskau aus, entweder über Jaroslawl oder Gorki, Kirow und den Ural erreichen. Selbst wenn man bedenkt, daß die Streckenabschnitte zum Teil sehr lang sind, kann man sich trotzdem ein ökonomisches Fahren mit E-Loks nicht recht vorstellen. Die Strecken der Sowjetunion verlangen geradezu Loklangläufe in einem Stromsystem.

In den nächsten Jahren, wenn das Wechselstromnetz seine Ausbaustufe erreicht haben wird, wollen die Sowjets einige Gleichstromstrecken auf Wechselstrom umstellen. Dies wird sicher nicht ohne gewisse Umbauten, wie z. B. Auswechseln der Isolatoren geschehen können.

Ein anderer Ausweg ist die Zweifrequenz-Lokomotive. Die sowjetische Bahn verfügt erst seit 1967 über solche Maschinen. Die Lokomotivindustrie mußte sich mit diesem Problem in den Jahren 1962/63 befassen. Als Grundmodell diente eine Co-Co-Lokomotive der Reihe WL 61. Zur Kombination wurde die Gleichstromausrüstung einer altbewährten Lokreihe, nämlich der WL 22^M herangezogen.

So entstand die Zweifrequenzlokomotive WL 61 D. Bei Gleichstrombetrieb wird die Motorspannung wie üblich geregelt, da alle Lokmotoren dieser Serie Gleichstrommotore sind. Beim Durchfahren einer Wechselstromstrecke wird ein Transformator vorgeschaltet, der den Wechselstrom vier Ignitrons-Gleichrichtern in Reihenschaltung zuführt. Die Hilfsaggregate laufen mit 3000 Volt Gleichstrom. Obwohl diese Umbaulokreihe 3000-t-Züge mit noch genügender Geschwindigkeit ziehen könnte, forderte die SZD von den Lokomotivbauanstalten eine Universallokomotive, die für den Bau einer größeren Serie geeignet war.

Über die WL 80 hat man dann endgültig die WL 82 als die geeignete Lokomotive für serienreif erklärt. Wenn auch die Hauptkonstruktionsmerkmale der WL 61 D gleichen, so haben die Hersteller doch viele Details wesentlich verbessert. So bestehen die Gleichrichter aus Halbleiterelementen. Im außerordentlich unterschiedlichen Klima Sibiriens und den dort herrschenden extremen Temperaturen ist gerade diese wichtige Lokomotivteilanlage von nicht zu unterschätzendem Vorteil.

Bei meiner Fahrt habe ich leider die Versuchsmuster der WL 61 D, WL 80 und WL 82 nicht zu Gesicht bekommen. Mit 5680 kW Stundenleistung und 110 km/h läßt sich die WL 82 universell einsetzen.

Außer dieser Eigenkonstruktion beauftragte die SZD die tschechoslowakische Lokindustrie, eine Zweisystem-Schnellzuglokomotive zu konstruieren und zu bauen. So entstand die nicht nur formschöne, sondern auch schnelle und leistungsstarke Reihe CS 5 für 160 km/h. Versuche auf der Oktoberbahn sollen Geschwindigkeiten bis zu 200 km/h erbracht haben. Seit 1968 importiert die UdSSR diesen Typ. Solange diese Maschinen aber nicht in großer Stückzahl vorhanden sind, muß immer noch Lokwechsel in sogenannten Systemwechselbahnhöfen vorgenommen werden.

Grundsätzlich nimmt man diesen Systemwechsel in kleinen Streckenbahnhöfen vor. So können die Schaltanlagen verhältnismäßig unkompliziert und klein sein. Außerdem wird dadurch eine Mehrbelastung der ohnehin überforderten Hauptknotenpunkte vermieden. Ein Zentralstellwerk übernimmt den Oberleitungsschaltvorgang der einzelnen Ein- und Ausfahrgleise.

Zum Abschluß des Kapitels sollte nicht versäumt werden, das Oberleitungssystem noch einer genauen Beschreibung zu unterziehen. Man findet bei der SZD Masten aus Beton und Metall, wobei die erstgenannten heute überwiegen. Die Fahrleitungsmasten mit Auslegern und die Masten der Quertragwerke gleichen denen der alten Reichsbahn sowie der Deutschen Bundesbahn. Aber auch Quertragwerke, wie sie die schweizerische Bundesbahn benutzt, kann man vorfinden. So z. B. im Bahnhof Bratsk.

Qualitätsmäßig kann man die Erstellung des ganzen Oberleitungssystems in 3 Stufen einteilen. Bei der Aufbauleistung der Vorkriegsjahre, gut zu erkennen an der Stammstrecke im Ural (Perm), sind die Masten aus Stahl einbetoniert und in gutem Zustand.

Der Doppelfahrdraht und die Isolatoren sind ordentlich mit Tragseil an Mast und Abspannmast befestigt. Da die Industrie die Elektrifizierungsteile noch nicht in Großserien und zusammenhängend herstellte, war viel handwerkliche Arbeit erforderlich. Auch zeitlich gesehen waren die Bautrupps nicht so sehr in Bedrängnis. Dieser Zustand hat sich nach dem Krieg schlagartig geändert.

Das ohnehin überlastete Bahnnetz sollte zumindest von den Kohlentransporten für die Energieversorgung der Bahn befreit werden. Die SZD wollte schneller und sicherer fahren, sowie den Streckendurchlaß erhöhen. Die Regierung entschloß sich, die Hauptmagistralen kurzfristig auf den E-Betrieb umzustellen. Wenn man das Lokbeschaffungsproblem und die Rekonstruktion des Gleiskörpers unberücksichtigt läßt, bedeutete schon das geforderte umfangreiche Elektrifizierungsprogramm der 50er Jahre Leistungen von Industrie und Baubrigaden, die fast nicht zu realisieren waren. Dazu kamen die Fertigstellungsverpflichtungen aller Beteiligten zu einem Parteitag. Erscheinungen also, die uns Westeuropäern vollkommen fremd sind.

Die Vollelektrifizierung der Strecke Moskau-Baikalsee wurde vor einigen Jahren gebührend gefeiert. Eine gewaltige Arbeitsleistung ganz ohne Zweifel. Nur zeigte die Schnellmontage schon nach wenigen Jahren gewisse Mängel. Eine Bestätigung hierfür waren meine Beobachtungen zwischen Omsk und Nowosibirsk. Der Zug befindet sich, von der Nordlinie kommend, zum ersten Male auf der transsibirischen Magistrale. Grund genug, Landschaft und Bahn als Eisenbahnenthusiast eingehend zu beobachten. Die Streckenmasten waren ursprünglich aus Metall und als Einsatzmasten in Beton vergossen. Eine Mastverschraubung wie bei der Deutschen Bundesbahn konnte ich nirgends beobachten. Wahrscheinlich durch die sibirische Kälte hervorgerufen, platzte der Beton vielfach ab. Da die Masten nicht verzinkt sind, konnte sich Rost trotz Grundierung und Farbe schnell ansetzen. Kilometerlang wurden die Masten gegen solche aus Beton ausgewechselt. Eine doppelte Streckeninvestition schlug nun zu Buche.

Die Hänger zwischen Fahrdraht und Tragseil bedurften ebenso einer Korrektur und müßten verdrillt werden. So sieht der interessierte Reisende heute eine gemischte Mastenaufstellung auf diesem Abschnitt der transsibirischen Eisenbahn.

Ab den 60er Jahren haben die Sowjets, bedingt durch industrielle Vorarbeit, modernerer Mechanisierung der Elektrifizierungsarbeiten und allgemeine Erfahrungen der Baubrigaden die elektrischen Leitungen qualitätsmäßig gut verlegt.

Wer auf der Oktoberbahn, der Gorkibahn — beides übrigens die Schnellfahrstrecken der UdSSR — im Donbas, der Ukraine und Sibirien mit der Bahn gereist ist, kann diese Tatsache bestätigen. Was bei uns in der Bundesrepublik nur ein Versuch war, Betonmasten zu verwenden, (Würzburg-Treuchtlingen, Würzburg-Nürnberg und Starnberg-Tutzing) ist bei der SZD zur Regel geworden. Weniger Pflege, schnelle unkomplizierte Aufstellung, ausgenommen in Dauerfrostböden, (Materialeinsparung von Eisen und Stahl) dürften die Gründe sein. Nur die Bahnhofsquertragwerke haben Metallmasten. Die Fahrdrahtaufhängung der Masten ist großdimensioniert und außerordentlich stabil. Sie läßt aber Geschwindigkeiten von über 120 km/h nicht zu. Zu vergleichen ist das gesamte Kettenwerk mit der Einheitsfahrleitung der Reichsbahn von 1930.

Dieses Verdrahtungssystem mit den vielen harten Stellen wirkt sich nachteilig auf die Stromabnehmer und den Fahrdraht selbst aus. Schleifstückbeschädigungen und Fahrdrahtabnutzung sind die negativen Hauptmerkmale.

Die Schnellfahrstrecken dagegen sind mit einer Fahrleitung überspannt, die der DB von 1950 gleichen, also die 160er Leitungen. Das neue sowjetische Kettenwerk zeigt Tragseil und Fahrdraht gespannt über Radspanner, die an den entsprechenden Masten montiert sind. Das einführende und auslaufende Kettenwerk besitzt zwei Abspannmasten und zwei Mittelmasten. Durch Eislast, Seitenwind, Temperaturschwankungen von 80° Celsius und hohen Ampereströmen müssen die Fahrdrahtspanner die Leitungen noch feinfühliger nachspannen als in unseren Breiten. Bei Wechselstrom wird Rillenfahrdraht von geringem Durchmesser benutzt, im Gegensatz zum Gleichstrom. Auf dem größten Teil der elektrifizierten Strecken will die sowjetische Bahnverwaltung eine hohe Durchfahrdichte aller Züge erreichen. Diesem Grundgedanken will man zu Recht treu bleiben.

Für spektakuläre Höchstgeschwindigkeiten werden nur wenige Magistralen ausgebaut, so z. B. die Oktober- und die Gorkibahn und einige Abschnitte im Donbasgebiet (Südrußland). Einher mit der Elektrifizierung der Strecken wird deren Rekonstruktion durchgeführt. So der Gleisbau, das Signal- und das bahneigene Nachrichtenwesen. Bei Neubaustrecken zieht man die Verkabelung vor, im Gegensatz zu den Strecken früherer Jahre. Während der Fahrt konnte ich beobachten, daß die Nachrichtenleitung vom Bahnkörper bis zu ca. 50 m entfernt neu aufgestellt wurden. Platz ist in den Weiten der Sowjetunion genügend vorhanden. Auf diese Distanz dürfte sich die Streckenelektrifizierung kaum störend auf die Nachrichtenübermittlung auswirken.

Die Verteilung der Unterwerke ist in ihrem Abstand naturgemäß unterschiedlich. Ausschlaggebend hierfür ist die Stromart (Wechsel- oder Gleichstrom) sowie die Streckenbelastung. Die Gleichstromunterwerke sind äußerst wetterfest gebaut, um die empfindlichen Quecksilbergleichrichter vor der z. T. arktischen Temperatur zu schützen. Halbleitergleichrichter neuester Konstruktion haben in den letzten Jahren aber überall Eingang gefunden. Die sehr ordentlich gebauten und sich der Landschaft anpassenden Unterwerke sind mit Sprechfunkanlagen untereinander und mit den Knotenbahnhöfen verbunden.

Die Streckenabschnittleiter (Dispatcher) können so Schwierigkeiten aller Art erkennen und entgegenwirken. Da auch die Bahnfunkverbindung (Lok-Knotenpunkt und umgekehrt) auf den Hauptmagistralen großzügig ausgebaut ist, entstand so eine günstige Dreiecksverbindung.

8. Kapitel

Das Signalwesen und die drahtlose Nachrichtenübermittlung

Ohne Sichtsignal keine Eisenbahnfahrt, ein Wort, das in früheren Jahren galt! Heute muß man schon wesentlich vorsichtiger mit solchen Schlagworten sein.

Wer in Japan mit den Zügen der Tokaidolinie reist, wird feststellen, daß sehr wohl auf Streckensichtsignale verzichtet werden kann. Je höher die Geschwindigkeit, desto dringender ist die Fernübertragung von Informationen durch Linienleitsysteme. Aber auch das trifft nicht ganz zu, weil die dichte Verkehrsfolge in besiedelten und industrialisierten Ballungsgebieten ebenfalls nur mit einer kombinierten und modernen Übermittlungsmethode (Funk, Blocksignal, Linienleitsystem) zu bewerkstelligen ist.

Die Bahn der Sowjetunion hat im Signalwesen in den 60er und 70er Jahren eine ausgeprägte Rekonstruktionsperiode durchlaufen.

Während die Bahnverwaltungen der osteuropäischen Staaten ein einheitliches Signalbild anstreben, bei gleichen Konstruktionsmerkmalen im äußeren Erscheinungsbild der Signalanlagen selbst, schließt sich die SZD diesen Bestrebungen nicht an.

Das getrennte Lager Normalspur-Breitspur rechtfertigt diesen Entschluß. Ein Lokwechsel wird an der Grenze der UdSSR immer stattfinden, wenn auch die Konstruktion von Spurwechselradsätzen bei Lokomotiven in Erwägung gezogen wird. Das äußerer Erscheinungsbild der SZD-Lichtsignale gleicht dem der amerikanischen und italienischen Eisenbahn. Formsignale habe ich 1968 nirgends mehr in der Sowjetunion gesehen. Sie sollen aber in der Detaillierung denen der ehemaligen Deutschen Reichsbahn gleichen. Die sowjetischen Lichtsignale bestehen aus einem Rohrsystem mit angeschraubter Inspektionsleiter, an dem den einzelnen Signalbildern entsprechend, Signallaternen untereinander angebracht sind. Sehr weit vorgezogene Sonnenblenden ermöglichen dem Lokführer auch bei ungünstigem Sonnenstand die Signalbefehle einwandfrei zu identifizieren. Bei den extremen Witterungsverhältnissen in der SU dürften sich die Lichtsignalanlagen als wesentlich funktionstüchtiger erwiesen haben als die mechanischen Formsignale.

Die großen Personen- und Güterbahnhöfe mit mehrgleisigen Zufahrten haben selbstverständlich Signalbrücken. Auch Zwergsignale besitzt die SZD, die hauptsächlich an Ausfahrtgleisen installiert sind. Der Hauptpersonenbahnhof Nowosibirsk ist damit ausgerüstet, und wenn man nachts seinen Zug auf dem Bahnsteig erwartet, ist es schon ein imponierendes Bild, den oft wechselnden Signalbildern mit dem starken Zugverkehr in alle Richtungen zu beobachten.

Auch in der UdSSR sind die drei Signalfarben Rot, Gelb und Grün bei den Lichtsignalanlagen die optischen Übermittlungsträger. In den letzten Jahren versuchte die Bahn dem stark anschwellenden Güterverkehr durch vermehrten Einsatz von Zügen gerecht zu werden. Dabei war nicht nur die Rekonstruktion der Gleisanlagen und der Einsatz neuer Traktionsmittel wichtig, sondern ebenso die Ausstattung der Strecken mit automatischen Blockeinrichtungen und der Streckenfernsteuerung zur direkten Signalbildübertragung auf Triebfahrzeuge.

Die Integration modernster Rechenanlagen in den Betriebsablauf sowie der Bau großer Zentralstellwerke vervollständigen diese Aufbauarbeit. Bis Anfang 1973 hat die SZD 25 000 km, das ist etwa ein Fünftel des Gesamtnetzes, mit einem automatischen Streckenblock ausgerüstet. Große Anstrengungen unternimmt man z. B. im Gebiet des Baikal-Sees ab Ulan-Ude bis Chabarowsk einschließlich der Zweiglinien nach Komsomolsk und Tschegdomyn.

Es hat sich herausgestellt, daß so ausgerüstete Streckenabschnitte eine 12prozentige Geschwindigkeitserhöhung zulassen und sich dementsprechend die Durchlaßfähigkeit um 20 Prozent erhöht. Gerade der letztgenannte Teil der Transsib ist das Sorgenkind der SZD, wenigstens so lange bis die Elektrifizierung durchgeführt und die Parallelstrecke Baikal—Amurmagistrale gebaut ist.

Bis zu diesem Zeitpunkt kann ein automatischer Streckenblock die Stammstrecke wesentlich durchlässiger machen.

Einen nachhaltigen Eindruck hinterließ auf mich der Streckenabschnitt Omsk—Nowosibirsk. Die Gradlinigkeit, das überschwere Schienenmaterial und das Signalwesen (Selbstblock) vermitteln dem Mitteleuropäer ein ganz besonderes Eisenbahngefühl. Alles ist größer und wuchtiger gebaut, abgestellt auf Schwer- und Massentransporte.

Die Signalanlagen der Strecken sind in Bronzefarbe gehalten, ebenso die dazugehörigen Schalt- und Kabelkästen. Zur Steuerung der Blocksignale und zur Zugsicherung bedient sich die SZD hauptsächlich der Gleisstromkreise. Nicht der Mensch beobachtet und regelt den Verkehr der einzelnen Strecken, sondern der Zug selbst sichert seine Fahrt mit Hilfe der Signale. Im Grunde unterscheidet sich das SZD-Selbstblocksystem nicht von dem anderer Länder. In Freifahrstellung zeigt das Signal grün, bei Blockbelegung rot.

Die Schienen der einzelnen Blockabschnitte sind isoliert, ebenso die Gleisabschnitte untereinander.

Die Sowjetunion benutzt den Gleisstromkreis gleichzeitig zur linienförmigen Zugbeeinflussung. Der Nachteil dieser Übertragungstechnik ist eine verhältnismäßig schlechte Frequenzübermittlung in nur wenigen Frequenzbereichen.

Signale der Sowjetischen Eisenbahnen

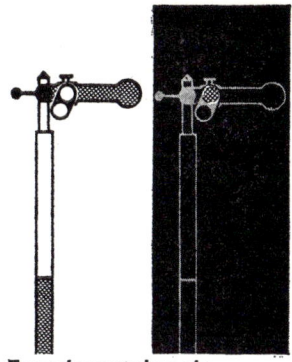

Formhauptsignale
Halt
Tageszeichen   Nachtzeichen

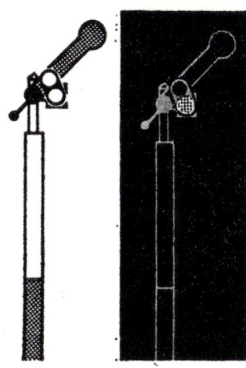

Fahrt
Tageszeichen   Nachtzeichen

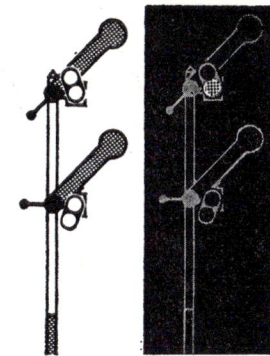

Fahrt mit
Geschwindigkeitsermäßigung
Tageszeichen   Nachtzeichen

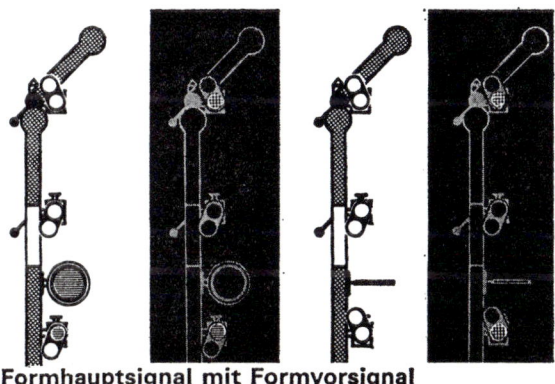

Formhauptsignal mit Formvorsignal
Hauptsignal auf Fahrt und   Haupt- und Vorsignal
Vorsignal auf Warnung   auf Fahrt

Formvorsignale
Warnstellung   Freistellung
                Tageszeichen   Nachtzeichen

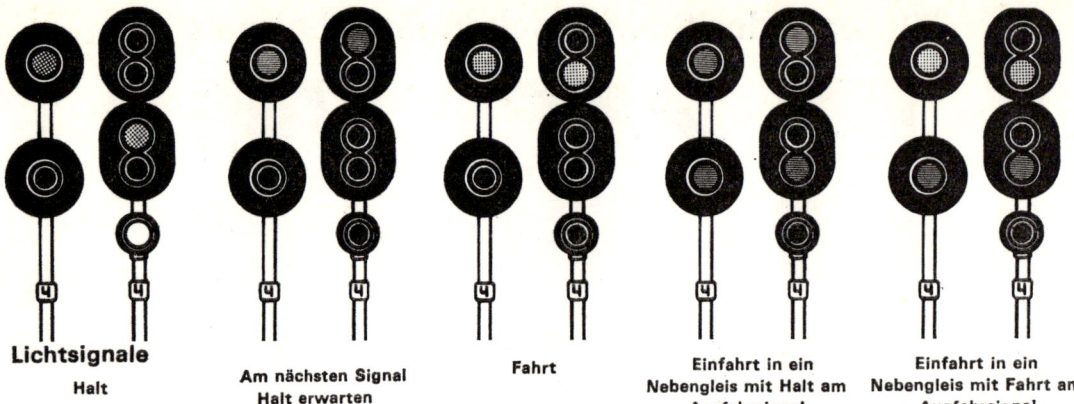

Lichtsignale
Halt — Am nächsten Signal Halt erwarten — Fahrt — Einfahrt in ein Nebengleis mit Halt am Ausfahrsignal — Einfahrt in ein Nebengleis mit Fahrt am Ausfahrsignal

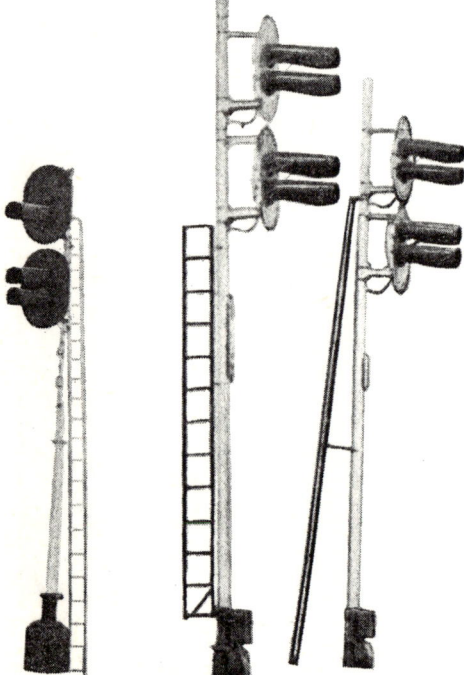

Standort-Lichtsignale der SZD.

Ein separat gelegter Linienleiter hat natürlich Vorteile im Übertragungsbereich, er ist aber auch hinderlich bei der Montage und Demontage von Gleisjochabschnitten. Die Informationsübermittlung erfolgt induktiv und hat die Aufgabe, dem Lokpersonal alle Signalbilder optisch ablesbar zu übermitteln, außerdem eine Geschwindigkeitskontrolle durchzuführen und notwendige Zwangsbremsungen einzuleiten.

Zur Frequenzaufnahme hat die SZD den Triebfahrzeugen vor die ersten Achsen Empfangsspulen angebaut. Übertragen werden fünf Frequenzen. Die Anordnung freie Fahrt erfolgt z. B. mit 125 Hz Wechselstrom auf dem Armaturenbrett der Lok, d. h. eine grüne Lampe leuchtet auf. Eine zusätzliche Kilometerangabe für den Lokomotivführer wird mit aufgezeichnet. Bei einer Geschwindigkeitsüberschreitung erfolgt Zwangsbremsung.

Mit Hilfe dieser Sicherungseinrichtungen ist die SZD in der Lage, Fernschnellzüge auf dafür eingerichtete Magistralen mit 160 bis 200 km im 5-Minuten-Turnus und Vorortzüge im 3-Minuten-Abstand bei 100 bis 120 km fahren zu lassen.

Auch der Streckenfernsteuerung widmet man große Aufmerksamkeit. So können heute schon Abschnitte bis zu 200 km mit allen Bahnhöfen von einem Zentralstellwerk bedient werden. Das bedeutet 20 Prozent mehr Streckenauslastung, vor allem bei eingleisigen Abschnitten. Obwohl die Sowjets den verschiedenen Zugsicherungssystemen große Aufmerksamkeit schenken, bleibt nach eigenen Angaben noch manches zu tun. Die breite Einführung dieser Technik in kurzer Zeit bereitet ohne Zweifel noch Schwierigkeiten. Man beherrscht die Materie, aber der Arbeitsprozeß für Herstellung und Montage der Anlagen ist eben sehr zeitaufwendig.

Eine große Rolle spielt der Bahnfunkverkehr in der UdSSR. Aus strategischen Gründen sind die einzelnen Direktionsbezirke nicht nur durch Telefon und Fernschreiber mit Moskau verbunden, sondern auch mittels einer drahlosen Nachrichtenübermittlung. Diese zusätzliche Sicherheitsverbindung kennen andere Betriebe der sowjetischen Wirtschaft ebenfalls. Die Ausrüstungen solcher Zentralen sind ein Spiegelbild der Leistungsfähigkeit russischer Hochfrequenztechnik.

Ich hatte das Glück, eine moderne Zentrale eines Industriebetriebes besichtigen zu dürfen. Was dort an modernsten Geräten der Kurzwellentechnik einschließlich der Reparaturmöglichkeit sauber, übersichtlich und sicher installiert ist, setzte mich in Erstaunen. Man will eben auf alle Eventualitäten vorbereitet sein und nichts dem Zufall überlassen.

Oberste Devise der SU lautet: »Das Bahnwesen darf nicht zum Erliegen kommen«! Alle Vorkommnisse muß die Führung in Moskau beurteilen und Rückschlüsse daraus ziehen können.

Bestand der Weitstreckenfunk und der drahtlose Fernsprechverkehr schon in den 40er Jahren, so begann die SZD den Zugfunk in den 50er Jahren aufzubauen.

Zu einer Zeit also, da andere europäische Eisenbahnen noch nicht im entferntesten daran dachten. Rangier- und Zugfunk wurden parallel zueinander entwickelt.

In den großen Industriezentren und entlang der Hauptstrecken besteht heute eine bahneigene Sprechfunkverbindung zwischen den technischen Büros, den Zugleitzentralen und den Triebfahrzeugen. Allein im Donezbecken hat dieses Kommunikationsmittel eine Reichweite von 1000 km. So haben die Lokführer untereinander die Möglichkeit, Nachrichten auszutauschen. Auch die Zugführer der Fernschnellzüge können von dieser Technik Gebrauch machen.

Telefon in Loks und Spezialwaggons sind bei der SZD eine Selbstverständlichkeit. Das Netz der Relaisstationen wird ständig ausgebaut und flächenmäßig erweitert. Die Verbindung zwischen Triebfahrzeugen und Einsatzzentrale erfolgt durch die Wahl der jeweiligen Loknummern. Die Dispatcher sind für ganze Streckenbereiche einschließlich der Zwischenbahnhöfe verantwortlich. Ohne Zweifel hat sich der Sicherheitsfaktor und die Elastizität des Bahnbetriebes dadurch wesentlich erhöht. Was für die Streckentriebfahrzeuge gilt, ist für den Rangierdienst selbstverständlich. Die mit Kurzwellensender und Empfänger ausgerüsteten Rangierlokomotiven werden durch die im Rangierdienst tätigen Helfer, die tragbare Funkgeräte mitführen, unterstützt.

9. Kapitel

Kupplung — Radsatz — Bremse

1. Kupplung

In Mitteleuropa ist die Schraubenkupplung bis heute allgemein verbreitet. Diese Einrichtung hat selbst im modernen Zeitalter keine grundlegende Veränderung erfahren, abgesehen von dem Wunsch der verschiedenen Bahnverwaltungen ebenfalls eine Mittelpufferkupplung in den 80er Jahren einzuführen.

Das alte Rußland mit seinen Eisenbahnen hatte sich zwangsläufig vielen Konstruktionen des Westens verschrieben, darunter auch der Schraubenkupplung zum Verbinden einzelner Wagen unter Zuhilfenahme von Seitenpuffern als Stoßvorrichtungen.

Die vielen europäischen Eisenbahnverwaltungen konnten sich auf eine automatische oder halbautomatische Kupplung nicht einigen. Waren es finanzielle Schwierigkeiten oder Konstruktionen, die man untereinander nicht akzeptieren wollte oder konnte?

Es bleibt dahingestellt, ob diese Verhaltensweise ökonomisch so lange Zeit vertretbar war, stecken doch in den automatischen Kupplungen echte Rationalisierungseffekte. Große oder von außen unabhängige Staaten wie Amerika oder Japan haben von Anfang an oder frühzeitig ein automatisches Kupplungssystem eingeführt. Das trifft natürlich auch auf andere Staaten und Länder zu, wie z. B. Südafrika, Südamerika, Indien, Kanada und Australien. Selbst in den schwierigen Aufbaujahren Anfang der 30er Jahre entschloß sich auch die UdSSR, eine Einheitskupplung moderner Ausführung in die Konstruktion zu geben und das rollende Material der SZD damit auszurüsten.

Dieser Prozeß nahm unerwartet viel Zeit in Anspruch, setzten doch der Krieg und die Nachkriegsjahre gewisse Grenzen. Die Umrüstperiode dauerte von 1935 bis 1958. Ganz ohne Zweifel hat die amerikanische Kupplungsart die russischen Konstrukteure inspiriert, so kann ein Laie zwischen den modernen Willison-Kupplungen und der SA3-Kupplung äußerlich keinen Unterschied feststellen, da viele Elemente der SA3 mit der Willison-Kupplung identisch sind.

Die Sowjets hatten mehrere Varianten ihrer Kupplung durchkonstruiert und sind bei der Bezeichnung Sowjets-Skoja-Avtozevka geblieben. Die Ziffer 3 bedeutet Dritte endgültige Konstruktion, die in die Produktion ging. Mit der Durchführung dieser so wichtigen Aufgabe für die SZD hatte man die Ingenieure Nowikov, Gallowanov und Jogoschenko beauftragt.

Automatische Mittelpufferkupplungen muß man grundsätzlich in zwei Kategorien einordnen, 1. in die bewegliche und 2. in die starre Bauart. Eines haben beide

Konstruktionen gemeinsam, sie erlauben das Ziehen und Drücken wesentlich höherer Lasten als mit den Schraubenkupplungen.

Versuchsweise haben die amerikanischen Bahnen schon Güterzüge bis zu 15 000 Tonnen gezogen. Im Flachland sind die Fahreigenschaften solcher Superlastzüge noch als gut zu bezeichnen. Auf Gebirgsstrecken aber waren Gleisverzug, Entgleisungen, hoher Schienenverschleiß und starke Radreifenabnutzung an der Tagesordnung. Die Kupplungen aber haben diese extremen Versuche ohne Schaden überstanden.

Bei dieser Gelegenheit sollte auch zum Ausdruck gebracht werden, daß die SZD Schwerlastzüge von 5000 Tonnen aufwärts bis an die Grenze von 10 000 Tonnen als wünschenswert betrachtet und Fahrversuche im großen Stil durchführt, wobei ein rechtes Maß an Eigengewicht der Züge, Lasten, Geschwindigkeit, eingesetzte Lokleistung und Verschleiß der Fahrstraßen gefunden werden muß. Daß die Sowjets hierbei einen ökonomisch vertretbaren Weg einschlagen, zeigen die gelungenen Lok- und Waggonkonstruktionen neuester Bauart, sowie ein Teilausbau der Strecken.

Der Nachteil beweglicher Kupplungen, und dazu gehört die SA3, liegt im Unvermögen gleichzeitig Luft- und Stromleitungen in eine feste Verbindung zu bringen. Die europäischen Staaten haben daher ein starres Kupplungssystem gewählt, daß diese Nachteile ausschließt und nach deren Einführung einen vermehrten Nutzeffekt aufzuweisen hat. Grundbedingung dieser Kupplung war eine Verbindung mit der SA3. Schon in der Entwicklungsperiode gelang es, das starre mit dem beweglichen System problemlos zu verbinden.

Bei der beweglichen Mittelpufferkupplung gleiten die Kuppelköpfe senkrecht ineinander, wobei ein Höhenausgleich, hervorgerufen durch verschiedene Wagengewichte und die Fahreigenschaften, erfolgt. Bei der SZD muß der Rangierer manuell die Luftleitungen schließen und die Bremsluftschläuche trennen oder verbinden. Störend wirkt sich dies eigentlich nur im Güterverkehr mit den hohen Rangierleistungen aus. Trotzdem tritt eine Zeitersparnis von ca. 30 Prozent ein, die dem Wagenumlauf zu Gute kommt. Nicht zu vergessen, die gefahrlosere Arbeit des Rangierpersonals.

Bei Fernschnellzügen hat man an die Bremsschläuche die Kabel für die Waggonlautsprecher mit anmontiert. Beim Kupplungsvorgang selbst tritt eine gleichzeitige Luft- und Schwachstromverbindung ein.

Eine Ausnahme hiervon bilden die internationalen Schnellzugwagen, die noch seitliche Puffer und eine Schraubenkupplung besitzen.

Mittelpufferkupplungen haben in ihrer Verhaltensweise gezeigt, daß Fahrgestellfahrzeuge am geeignetsten in dieser Kupplungstechnik sind. Bei zweiachsigen

Waggons müssen andere Kriterien Berücksichtigung finden, die für die SZD aber nicht mehr von Bedeutung sind.

Die SA3-Kupplung hatte schon in der Erprobung einige wichtige Punkte zu erfüllen. So z. B. ein einwandfreies Kuppeln und Entkuppeln in Kurven, auf Steigungen und Ablaufbergen. Eine Bruchsicherheitsgrenze bis ca. 20 km Rangiergeschwindigkeit, keine unbeabsichtigte Trennung und ein sicheres Funktionieren aller mechanischen Teile, ganz gleich welche Witterungsbedingungen vorherrschen. Der Kupplungsmechanismus weist konstruktionsmäßig robuste und einfache Teile auf. Beim Rangiervorgang schieben sich die beiden Kupplungsköpfe ineinander, wobei eine geringe Höhendifferenz keine Rolle spielt und eine größere Seitendifferenz durch die Gleitflächen der Kupplung ausgeglichen wird. Wenn die beiden Köpfe aufeinander treffen, drücken sich die Keile gegeneinander in das Gehäuse zurück.

Die Gleitflächen der SA3-Köpfe verschieben sich beim Kuppeln in eine Ruhelage, wobei die Klauen sich ineinander verhaken. Die Verschlußkeile fallen in diesem Moment herunter (Eigengewicht), da sie sich durch die Verschiebung der Köpfe nicht mehr halten können. Will der Rangierer die Kupplung lösen, so betätigt er eine Arbeitswelle, die den Verschlußkeil in das Gehäuse zurückzieht. Nach diesem Arbeitsprozeß ist die Kupplung entsperrt. Damit der Verschlußkeil im gekuppelten Zustand nicht in das Gehäuse zurückfallen kann und die Verschlußkeile selbst in dem Mechanismus festgehalten werden, ist in jedem Kupplungskopf ein Riegelsystem eingebaut.

2. Der Spurwechselradsatz

Das größte Manko im Eisenbahnwesen des gesamten sozialistischen Lagers ist das Vorhandensein zweier Spurweiten. (Normalspur 1435 mm und Breitspur 1520 mm). Wenn man bedenkt welche gewaltigen Gütermengen in einem so großen Wirtschaftsverband täglich über die Spurgrenze hinweg zu leiten sind, ist es nicht erstaunlich, daß schon frühzeitig der Gedanke auftauchte, in diesem Punkt eine echte Rationalisierung und grundlegende Änderung herbeizuführen.

Sind z. B. Waren nach China oder Nordvietnam zu transportieren, ist ein zwei- oder dreimaliges Umladen nicht zu umgehen. Selbst wenn das eine etwas extreme Linienführung darstellt, möglich scheint sie doch. Viele Waren lassen eine Beförderung nur auf dem Schienenweg zu und schließen den Schiffahrtsweg aus strategischen, zeitlichen oder transsporttechnischen Gründen aus.

Die Vergangenheit hat gezeigt, daß noch so gut durchkonstruierte Umladeeinrichtungen in den Grenzbahnhöfen den Verkehr empfindlich stören. Der große Zeitaufwand war und ist nicht vertretbar. Durch das unterschiedliche Waggonvolumen der einen und der anderen Seite entstanden Verkehrsstauungen bis zu den Verladern oder Verbrauchern. Separate Breitspurstrecken in andere Länder weiterzuführen, haben sich zumindest bis jetzt nicht durchsetzen können, abgesehen von Stichbahnen für Industriewerke.

Eine für die Sowjets erfreuliche Ausnahme bildet das Nachbarland Finnland. Die Eisenbahn dieses Landes hat schon von der Gründerzeit her eine Spurweite von 1524 mm. Ein reibungsloser Güterverkehr in beide Staaten ist die Folge. Nun bildet Finnland aber nicht die Hauptimport-Exportrichtung der UdSSR, sondern das ist und bleibt die direkte Ost-West-Linie DDR, CSSR, Ungarn und Polen. Da die Direkttransportmethode nach 1945 an Dringlichkeit zunahm, entschlossen sich die Comeconländer bestimmte Wagenarten in größeren Stückzahlen mit Umsatzradsätzen oder Austauschdrehgestellen zu versehen.

Diese Technik hat ihre Bewährungsprobe ganz ohne Zweifel bestanden und wird auch heute noch im großen Stil praktiziert.

Vorteil: kein Umladen der Güter oder Umsteigen im Personenverkehr.

Nachteil: großer technischer Aufwand, verbunden mit längerer Umrüstzeit, Bereitstellung und in genügender Stückzahl zur Reserve stehender Drehgestelle in beiden Spurarten.

Die aus beiden Richtungen ankommenden Züge werden in dem überaus großen Gleisfeldern der Grenzbahnhöfe Brest oder Tschop auf drei Mehrfach-Gleise geleitet, die durch eine große Montagehalle winterfest geschützt sind. Waggonweise getrennt und durch automatische Wagenheber angehoben können die Austauschdrehgestelle beider Spurweiten ein- und ausgebaut werden.

Die osteuropäischen Bahnverwaltungen, voran die der UdSSR suchten andere Wege um diesen Vorgang schneller abwickeln zu können. Federführend und die am weitaus beste Konstruktion, ist die der Deutschen Reichsbahn. Es handelt sich um den Spurwechselradsatz DR4. Auch die Sowjets konstruierten brauchbare Wechselradsätze (TG6, TG10 und TG14), aber im Endeffekt hat die DDR-Konstruktion die besseren Vorteile und Laufeigenschaften aufzuweisen.

Langzeitentwicklungen mit vielen Fehlschlägen, Umkonstruktionen und Versuchsreihen waren erforderlich, bevor eine Serienfertigung die Genehmigung erhielt. Als wichtigste Konstruktionsbedingungen galten die Auswechselbarkeit gegen Normalradsätze, unbedingte Funktionstüchtigkeit und preiswerte Herstellungsmethoden.

Die Entwicklung begann 1953. Großen Anteil hatte der ehemalige Verkehrsminister der DDR, Dipl.-Ing. Kramer. Das er sich persönlich für dieses Teilproblem so stark interessierte und auch engagierte unterstreicht die Dringlichkeit, die das Comecon-Lager dem Gesamtkomplex entgegenbrachte.

Schon weit vor dem Zweiten Weltkrieg begann eine Entwicklung, die zum Spurwechselradsatz führen sollte. Es fehlte auch nicht an Versuchen, dieses Problem in den Griff zu bekommen. Die Erfolge waren gleich Null. Erst die DDR-Waggonbauindustrie entwickelte neue Initiativen, und das Ergebnis waren die Bauarten Krämer-Necke 1 und 2. Es stellte sich aber heraus, daß mit Normalkonstruktionen die Schwierigkeiten nicht zu beseitigen sind. Nach intensiver Forschungsarbeit entstand der Spurwechselradsatz DR3 (1958). Mit diesen, beim Reichsbahnausbesserungswerk Zwickau hergestellten Spurwechselradsätzen, wurden Erz- und Ölzüge ausgerüstet.

Die außerordentlichen Belastungen, denen diese Züge ausgesetzt sind, brachten wiederum Mängel aller Art zu Tage. Selbstverständlich baute die Reichsbahn an den Grenzbahnhöfen sogenannte Umspuranlagen, die erforderlich waren, den Umspurmechanismus der Radsätze auszulösen. Aufmerksame Beobachter der Leipziger Messe konnten in den 60er Jahren häufig Spurwechselradsätze DR 3 begutachten.

Einen endgültigen Abschluß der Konstruktionen hat man mit Sicherheit noch nicht gefunden, doch darf gesagt werden, daß mit dem Spurwechselradsatz DR4 für alle Beteiligten eine brauchbare und befriedigende Lösung erzielt wurde.

Der technische Aufbau dieser für das sozialistische Lager so wichtigen Einrichtung ist sehr aufschlußreich und interessant. Schwierigkeit bereitete den Technikern der Verriegelungsmechanismus der DR3, da er feststehend konstruiert war und ein Rollenkugellager benötigte. Hier traten die größten Verschleißerscheinungen auf.

Der Radsatz DR 4 besitzt heute eine umlaufende Verriegelung und eine gut durchdachte Seitenverschiebung. So kann bei geringer Geschwindigkeit unter hohen Lasten das Rad seitlich verschoben werden.

Bei der DR3-Ausführung liefen Entlastungsscheiben, die neben den Rädern auf der Achswelle saßen, auf Zusatzschienen auf. Sie sollen beim Umspurvorgang die Räder entlasten. Auch für die DR4-Konstruktion baute die Reichsbahn in Brest eine Anlage, in der die Spurkranzkuppen in einer Rillenschiene laufen. Hierdurch ist die achsiale Verschiebung gewährleistet. Zur Prozeßeinleitung weist die Anlage an beiden Seiten je eine Steuerschiene auf, die auf den Verriegelungsmechanismus einwirken.

Nach amtlichen Angaben wiegt ein Radsatz 1,7 Tonnen, ist für 21 Mp geeignet und läßt eine Höchstgeschwindigkeit von 120 km/h zu. Das ganze entspricht den UIC-Normen. Bei der DR4-Konstruktion sitzt ein Kupplungssystem, das drei Kipphebel in sich drehbar angeordnet hat, auf der Radachse. Die Radnabe selbst hat Vertiefungen, in denen die drei Kipphebel während der Fahrt fest lagern und Rad- und

Achswelle so fest verbunden sind. Eine Überwurfhülse gespannt durch Druckfedern dient zur Sicherung. Wenn der Zug in die Umspuranlage einfährt, entriegelt eine stationäre Spurschiene in Verbindung mit einer Achskurbel den Verriegelungsmechanismus der Räder. Mit Hilfe von achsialbeweglichen Druckstößeln wird eine Steuerscheibe, die durch Druckstangen mit der Hülse verbunden ist, verschoben. Die sich in der Hülse befindlichen Nasen gleiten über einen Nocken und lösen so die Verriegelung. Gleichzeitig spannt sich bei diesem Vorgang eine Feder, die nach dem Umspurprozeß die Räder der Waggons neu verriegelt.

Die Bremsen

Welcher Reisende denkt schon über die Bremsen seines Zuges nach. Daß er nicht nur fahren kann, sondern auch hält, ist selbstverständlich. Was man nicht deutlich sieht, beobachtet man nicht. Die Bremstechnik liegt den Blicken verborgen unter den einzelnen Wagen und nur die Bremsbacken sind ein sichtbarer Beweis für das Vorhandensein dieser lebenserhaltenden Einrichtung.

Die Entwicklung der Bremsen für schienengeführte Fahrzeuge hat in Rußland zur gleichen Zeit begonnen, wie in den übrigen Industriestaaten. Manuell bediente Spindelbremsen einzelner Güterwagen, eingestellt in Wagengruppen ohne Bremseinrichtung bedeuten den Anfang.

In den 30er Jahren hatte die SZD den größten Teil ihres Wagenparks mit durchgehenden Druckluftbremsen ausgerüstet. Jahrzehntelang haben die Klotzbremsen ihren Dienst zur allgemeinen Zufriedenheit getan. Problematisch und ungeeignet in ihrer Wirkung wurden sie erst durch die Geschwindigkeits- und Gewichtszunahme aller Zugarten und deren Länge. Einen negativen Punkt stellen die Verzögerungswerte vom Auslösen der Bremse bis zum wirksamen Anlegen der Bremsbacken an den Radreifen dar.

Vielseitige Versuche führte die sowjetische Bahnverwaltung in Zusammenarbeit mit Forschungsstellen aller osteuropäischen Staaten durch. Der Einsatz von Kunststoffbremsbacken hat den Verbrauch der Gußeisenteile wesentlich herabgesetzt. Dazu kommt die breitere Einführung von Scheibenbremsen bei Hochgeschwindigkeitswaggons.

Vor Jahrzehnten entschloß sich die Sowjetunion, die elektropneumatische Bremse zu entwickeln und auf breiter Basis einzuführen. Dieses Prinzip bedeutet, daß alle Bremsen eines Zuges gleichzeitig anlegen, ausgelöst durch elektrische Impulse. Die Stromzufuhr erfolgt durch ein Leitungskabel von Wagen zu Wagen, der Rückstrom dagegen über die Gleise.

Sehr interessante Versuche bestätigen die überlegene Wirkungsweise dieser neuen Hochleistungsbremsen. Zwei Beispiele für Versuchsfahrten mit den neuen Bremsen sollen als Beweis gelten. Bei einer Testfahrt im Flachland konnte ein 7168-Tonnen-

Zug, bestehend aus 60 Kesselwagen, zwei Begleitwagen und 2 Elektrolokomotiven, bei einer Geschwindigkeit von 80 km/Std. schon nach 600 m zum Stehen gebracht werden. Der zweite Versuch fand auf einer Mittelgebirgsstrecke statt (25/100 %). Ein 4663-Tonnen-Kesselzug, Gesamtlänge 730 m, kam bei einer Geschwindigkeit von 40 km ohne sichtbare Überlastung des Zuges oder der Gleisanlagen nach 325 m zum Halten.

10. Kapitel

Die Bahnhöfe der Sowjetunion

Heute findet der Tourist in Rußland Bahnhofsanlagen aus der Gründerzeit und der Gegenwart. Illustrierte Bilder einer langen Zeitepoche, die verständlich machen und aufzeigen, daß in Rußland eine Reise wirklich entfernen heißt. Wer von Paris nach Mailand oder von Hamburg nach München reist, empfindet, eine lange Bahnfahrt anzutreten. Im Schnellzug Baikal von Nowosibirsk nach Irkutsk erzählte mir ein Ingenieur, er fahre schnell übers Wochenende zur Verwandtschaft in die Baikalmetropole. Für ihn keine Entfernung! Was bedeuten schon 2000 km in diesem Riesenreich. Eine Tagesfahrt Moskau—Leningrad (700 km) ist für dortige Begriffe kaum erwähnenswert.

Der äußere Zustand der Bahnhöfe ist sehr unterschiedlich und reicht vom gepflegten Neubau bis zu Bauten, die einer Renovierung dringend bedürfen. Die dritte Kategorie aber sind die aus Holz gebauten Stationsgebäude entlang der weiten Strecken nach Norden und Osten.

Wer den Film Dr. Schiwago gesehen hat, erhält in etwa den richtigen Eindruck, wie auch heute noch zum Teil die Stationen aussehen. Die Sowjets sprechen nicht gern über Kleinbahnhöfe, in dem Glauben, es haftet ihnen etwas Primitives an, das ausländische Touristen zu falschen Schlüssen verleiten könnte. Oft erhielt man die Antwort, daß in Kürze neue moderne Gebäude erstellt würden.

Aus eigener Anschauung kann ich nur sagen, daß die alten Stationen das Spiegelbild der jeweiligen Landschaft verkörpern. Es ist eine Augenweide, mitunter die sauberen, reich verzierten und mit geschmackvollen Zäunen umgebenen Bahnhäuser zu betrachten. Der Unterschied im äußeren Aussehen hängt wahrscheinlich nicht zuletzt von der Energie und dem Selbstbewußtsein der betreffenden Stationsvorsteher ab. Die SZD, so kann man nur hoffen, wird das Erscheinungsbild solcher Anlagen nicht generell durch nüchterne Zweckbauten ersetzen, sondern im Gegenteil geeignete Anlagekomplexe restaurieren und für die Zukunft erhalten.

Betritt der ausländische Reisende einen Großstadtbahnhof, so macht er eine verblüffende Feststellung. Die Bahnhofshallen mit Schalterbüros, Gepäckschließfächern und Verkaufsständen werden von der Bevölkerung ganz selbstverständlich als Rast- und Lagerstätten benutzt. Ein ungewöhnliches und unbeschreibliches Bild bietet sich an.

Man sitzt und liegt rauchend, unterhaltend und natürlich wartend auf Stühlen und auf dem Fußboden. Das Reisegepäck besteht zum größten Teil aus Agrarprodukten, das automatisch die Antwort gibt, wer diese Menschen sind.

Die Landbevölkerung aus Nah und Fern ist in der Stadt gern gesehen, verkauft sie doch ihre frei verfügbaren Lebensmittel, die ihnen der Staat zubilligt. Da es wenig Unterkunftsmöglichkeiten gibt, bleibt nur der Ausweg, auf dem Bahnhof die Heimatzüge zu erwarten.

Im europäischen Rußland einschließlich Moskau zeigen Bahn- und Postuhren die Normalzeit an. In Richtung Osten verschiebt sich naturgemäß die Normalzeit, nicht aber die Zeitangabe für die SZD und die Post. Alle Fahr- und Arbeitspläne dieser Staatsunternehmen sind auf Moskauer Zeit ausgerichtet. Die Zeitzonen hat Lenin 1917 einführen lassen. So entsteht z. B. die Differenz von sieben Stunden zwischen Moskau und Chabarowsk.

In den 60er Jahren begann die Rekonstruktion und der Neubau von Personenbahnhöfen in der UdSSR. Vor allem die wichtigen Knotenpunkte mit großem Publikumsverkehr hatten Vorrang. Die verschiedenen Endbahnhöfe Moskaus standen vorrangig auf der Ausbauliste. Der große Moskauer Eisenbahnring brachte im eigentlichen Sinn nur dem Güterverkehr Vorteile, da die Transitströme die Stadt umfahren und in die einzelnen Richtungen wieder eingefädelt werden können. Die meisten Schwierigkeiten treten beim Publikumsverkehr im Kursker Bahnhof auf. Über 600 000 Fahrgäste müssen auf einer Nutzfläche von 8 600 qm die Züge täglich verlassen oder besteigen. Die neuen Pläne sehen ein Abfertigungsgelände von fast 25 000 qm vor. Eine Erleichterung, aber wie lange wird sie reichen?

Der Bjelorussische Bahnhof und auch der Pawletzker Bahnhof stehen auf der Ausbauvorrangliste. Nicht nur Moskau rekonstruiert seine älteren Bahnhöfe, auch Einzelstädte im übrigen Land haben entsprechende Empfangsgebäude in den letzten Jahren erhalten. Was Zweckmäßigkeit und Baustil anbelangt, sind z. B. die Bahnhöfe Tscheljabinsk, Wolgograd, Krasnodar, Taschkent, Aschchabad, Mary, Uljanowsk und Nachodka von Bahnhöfen anderer Länder nicht zu unterscheiden.

Das soll nicht darüber hinwegtäuschen, daß vor allem Bahnhöfe kleinerer und mittlerer Städte in der Provinz einen nicht gerade einladenden Eindruck hinterlassen. Hier muß die SZD in den nächsten Jahren noch viel investieren. Zur Abfertigung der Reisenden wird auf allen Bahnhöfen in zunehmender Zahl eine moderne Dienstleistungstechnik installiert. Ein Renommierstück hierfür ist die Oktobereisenbahn. Fahrkartenschalter, Entwerter, Auskunftstafel, Fahrkartenautomaten, Gepäckautomaten und Stellen für die telefonische Platzreservierung, ja sogar die Gepäckbeförderung von Haus zu Haus gelten als selbstverständlich.

In den meisten Großstadtbahnhöfen und Vorortsverkehrshaltepunkten sind die Bahnsteige verlängert und auf eine Höhe gebracht. Viele Streckenbahnhöfe kennen keine Bahnsteige mit Fußgängerunterführungen, so daß Reisende mit Gepäck oftmals unter den Waggons durchlaufen.

Der Komplex Bahnhof umfaßt auch die Güterabfertigung, die Einrichtungen der Maschinen- und Waggondienste und die der Sozialgebäude. Die sprunghafte Erweiterung des Verkehrsaufkommens der letzten Jahre zwang die SZD vor allem hier die Hebel anzusetzen. Sie hat folgerichtig in den Industriezentren des Landes die Güterbahnhöfe und Knotenpunkte konsequent ausgebaut. Von Jahr zu Jahr haben die Güterströme des Landes ein höheres Volumen aufzuweisen. Damit ist zwangsläufig ein starker Rangierdienst verbunden, der nur durch eine ausgefeilte Technik im Fluß gehalten werden kann.

Der Transport aller Güter über weite Strecken bereitet der Bahn keine großen Schwierigkeiten, im Gegensatz zu den Kurzstrecken. Fast 80 Prozent der Güter sind auf Anschlußbahnen zu verteilen einschließlich des Be- und Entladens. Ein großzügig ausgebautes Lkw-System könnte diese Aufgabe natürlich rationeller abwickeln.

Viele Wagenleerläufe könnten der Bahn erspart bleiben, ganz zu schweigen von den Schwierigkeiten mit den Industriebetrieben. Die hohen Standgelder, die erhoben werden für Verzögerungen beim Ladegutumschlag, gelten sicher als Kundenerziehung. Der Lkw-Kurzstreckendienst und der Straßenbau innerhalb der Industriezentren sind Forderungen, die dringend notwendig sind. Hier bleibt eine nicht zu umgehende Investition, die dem Staat noch manches Kopfzerbrechen bereiten wird. Eine gut ausgebaute Industrie kann sich im Grunde genommen nicht nur auf einen Infrastrukturteil verlassen, sondern benötigt Schiene, Straße und Schiffahrt gleichermaßen.

Den ersten großen Rangierbahnhof mit Ablaufberg und den dazugehörigen Stellwerksanlagen baute die SZD im ersten Fünfjahresplan. Den Bauzuschlag erhielt die Donezbahn, da sie in damaliger Zeit die meisten Schwerpunkttransporte zu bewältigen hatte.

Als Schwerpunktkomplex wählte man den Bahnhof Krasniliman, der mitten im Industrierevier liegt. Bis Kriegsbeginn kamen noch etliche Knotenpunkte dazu. Bald stellte sich heraus, daß mit diesen Aufbauarbeiten gewisse Umgehungsstrecken zusätzlich gebaut werden mußten, um die Güterströme besser lenken zu können.

Wenn man von Moskau und dem europäischen Rußland absieht, ist der Bahnhof Inskaja (Nowosibirsk) die größte Rangierdrehscheibe zwischen Swerdlowsk und Sowjetskaja Gawan. Hier laufen alle Rangierströme des Ostens ein, um zerlegt und neu zusammengestellt zu werden. Die Transsibirische Eisenbahn hat die wichtigen Zufahrtsstrecken aus dem Kusbas von Barnaul mit den Anschlüssen der mittel- und südsibirischen Bahnlinie und aus Richtung Abakan aufzunehmen. Von allen Seiten fahren die 5000 Tonnenzüge nach Inskaja ein und aus. Bei der Autofahrt von Nowosibirsk nach Akademgodorok, entlang der Hauptlinie Kusbas, kommt man aus dem Staunen nicht heraus, was alles transportiert wird. Außer Holz, Kohle und Erz, konnte ich Schwermaschinenteile, Waggons mit Erntemaschinen, Container und Lkws, Ölzüge und Lebensmittelkühlzüge beobachten, ein wahrhaft beeindruckendes Bild.

Schon bei der Anfahrt dieser Massentransporte geben die Informationsbüros Daten der Züge an die Rangiergruppen oder den Ablaufstellwerken elektronisch übermittelt weiter. Durch Lochkarten gesteuert, erfolgt dann der Ablaufprozeß. So lassen sich in drei Schichten bis zu 17 000 Waggons umstellen.

Die größten Rangierbahnhöfe des Polargebietes hat die Stadt Workuta im Nordural. Sie gehören mit zu den neueren Bauten nach 1945. Neben der Automation und Mechanisierung haben die Weichenstraßen eine Rekonstruktion erfahren. Bis zu 40 000 elektrische Weichen fernbedient hat die SZD eingebaut. Im Bereich der Be- und Entladung aller Waggons soll der Mechanisierungsgrad bis zu 80 Prozent betragen.

Die Hochbordwagen für Schüttgüter sind in Zusammenarbeit mit der verbrauchenden Industrie als Selbstentladewagen ausgebildet. Eine manuelle Entladung entfällt so gänzlich. Die Betriebe haben sich Schüttgutentladerampen oder Bunker zugelegt. Das gilt auch für die Grenzbahnhöfe, also an den Stellen, wo Fahrzeuge der Regelspur die Güter empfangen müssen.

Am Containerverkehr hat die Sowjetunion auch Gefallen gefunden, bietet er doch gerade der Leichtindustrie gute Versandmöglichkeiten ihrer zum Teil hochempfindlichen Verbrauchsgüter. Eintausendzweihundert Umschlagplätze hat man in neuerer Zeit eingerichtet. 30 Millionen Tonnen Stückgut jährlich beträgt das Auftragsvolumen der SZD. Schon früher hatte sich die Bahn dem Behälterverkehr zugewandt. In vereinfachter Form und ohne Spezialumschlagplätze könnten so Güter bis 5 Tonnen verladen und verschickt werden. Mit der Einführung des echten Containerdienstes bis zu 20 Tonnen sind noch größere Möglichkeiten geboten. Nachdem die UdSSR den Weltabmessungen der Container zustimmte, besteht für sie der große Vorteil, sich mit Spediteuren anderer Länder ohne Schwierigkeit verständigen zu können. Umschlag und Weitertransport an Grenzen, Häfen, von Schiene auf Auto, oder von Schiene auf Flußschiff, bilden keine zeitaufwendige unrationelle Arbeitsleistung mehr. Den Transport aller Behälterarten von der Bahn zum Kunden oder umgekehrt übernimmt der öffentliche Kraftverkehr.

Stützpunktbahnhöfe, so lautet die amtliche sowjetische Bezeichnung, sind Umladestellen, die einen hohen Mechanisierungsgrad aufweisen. An diesen Punkten sind alle erdenklichen Hilfsgeräte und Maschinen zusammengefaßt, so z. B. Gabelstapler, Traktoren mit Zusatzgeräten, Brücken und Kräne. Spezialanschlußgleise mit Einrichtungen für die Übernahme und Abgabe von Treibstoffen aller Art, Tanklager, Getreide-Förderanlagen in Silo-Komplexen, Lebensmittelumschlagplätze in den Städten vervollständigen die Komplexe Güterumlauf, Be- und Entladung.

Ohne Rad und Schiene wäre die UdSSR ein totes Land.

Das Erhaltungs- und Ausbesserungswesen der SZD soll dieses Kapitel beschließen. Durch den Strukturwandel, den die sowjetische Eisenbahn gerade in den letzten Jahren durchmachen mußte, war eine grundlegende Umstellung des Lok- und Wagenerhaltungswesens dringend erforderlich. Außerdem waren Einrichtungen zu schaffen, die mit dem Traktionswechsel direkt zusammenhängen, oder der Unterhaltung von Spezialwagen dienen. Manuell und in handwerklicher Arbeitsweise war das wie vor Jahrzehnten nicht mehr zu bewerkstelligen. Die SZD beschloß daher zwei Wege einzuschlagen.

1. Die Generalüberholung auf industrielle Grundlage zu stellen.

2. Eine Möglichkeit zu finden, laufende Reparaturen am rollenden Zugverband vornehmen zu können.

Diese Reparaturkomplexe befinden sich hauptsächlich in größeren Güterbahnhöfen, da hier die Wagenschäden am schnellsten erkannt und anschließend beseitigt werden können.

Da die Bahn die Fahrzeuge einem außerordentlichen hohen Nutzungsgrad aussetzt, ist naturbedingt eine höhere Verschleißquote gegeben. Vor allem die Hochbordwagen mit Holzaufbauten leiden sehr stark, zum Teil durch unsachgemäßes Verladen oder durch nicht geeignetes Ladegut.

Das Bereitstellen geeigneter Güterwagen für die verschiedensten Produktionsbereiche bereitet der SZD auch heute noch Schwierigkeiten. Zu Beginn der dreißiger Jahre beschloß die Regierung, fünf oder sechs Güterwagentypen produzieren zu lassen im Glauben, hiermit eine rationale Herstellung und eine ebenso vielseitige Kundenbedienung zu offerieren. Aber zwei oder drei Autos auf einen Flachbordwagen und diese Fahrzeuge wiederum im Zugverband laufen zu lassen, kann sich selbst die SZD nicht leisten, oder Großröhren in Hochbordwagen zu legen, daß sich durch deren Seitendruck die Wagenwände durchbiegen, scheint nicht die richtige Transportart darzustellen. Nicht zu vergessen, die harten Witterungsbedingungen und die überaus langen Strecken, die den Fahrzeugen an Betriebssicherheit viel abverlangen.

Zwei Reparaturkomplexe sind in den letzten Jahren entwickelt worden um mittlere Waggonschäden schnell zu beheben und die Ausbesserungswerke dadurch zu entlasten.

Das größere von beiden Systemen trägt die Bezeichnung Karakuba, das kleinere Reparaturportal Donbas. Außer für Güterwagen gibt es in den Hauptpersonenbahnhöfen Reparaturstellen für Reisezugwagen. Der Grundaufbau dieser Anlagen besteht aus einem Gleisabschnitt mit Längsbühne, Portalüberbau und einer Krananlage. Viele Mechanisierungshilfsmittel und Einzelmaschinen vervollständigen die Ausstattung. Werkstätten zur Herstellung kleiner Ersatzteile und Spezialgebäude befinden sich in unmittelbarer Nähe der Anlagen. Geprüft und repariert werden Bremseinrichtungen, Holz- und Metallaufbauten, Stirnwandtüren, Dächer, Waggonfußböden, Rahmenteile und Rungen. Inbegriffen sind Farbausbesserungen. Dagegen müssen Schäden an Fahrgestellen und Kupplungen im Ausbesserungswerk vorgenommen werden.

Dieser Anlagenkomplex hat sich anscheinend in der UdSSR bestens bewährt, da er eine schnelle Durchsicht des Fahrzeugparkes ermöglicht.

Weniger in Reparatur, mehr auf Rädern lautet die Parole.

Die Hauptuntersuchungen nehmen auch bei der SZD die Bahnausbesserungswerke vor. Die Modernisierung dieser Betriebe ist fast vollständig abgeschlossen, so daß jährlich bis zu 3000 Wagen die einzelnen Werkstätten verlassen können. Für den Zeitraum eines Fünfjahres-Planes bedeutet das 250 000 Güterwagen mehr im Umlauf.

Eines der größten und modernsten Bahnbetriebswerke ist das 1896 erbaute Werk in Ulan-Ude. Es hat heute 6000 Beschäftigte und gilt vielfach noch als Hersteller von Lokomotiven. Dafür spricht auch die technische Ausrüstung mit einer Schmiede, Formerei und einer Gießerei mit Siemens-Martin-Öfen.

Während des Krieges baute man tatsächlich Lokomotiven, stellte die Produktion aber nach 1945 wieder ein, um sich ganz auf die Lok- und Waggonerhaltung im fernöstlichen Gebiet umzustellen.

Für den großen Spezialwagenpark der SZD sind über das Territorium BWWs verteilt, die nur Reisevorbereitungen und Ausrüstungen dieser Waggoneinheiten vornehmen. Ersatzteillager für Einbauaggregate und Brennstoffversorgungsstellen runden das Bild ab.

In den Lok-BWs soll der Mechanisierungsgrad zu 80 Prozent obligatorisch sein. Die Elektrolokomotiven der SZD erhalten alle 48 Stunden eine einfache technische Durchsicht, nach 22 000 km eine Fristuntersuchung, leistungsabhängig nach 130 000 km eine große Untersuchung, bei 350 000 Hochnahme und bei 600 000 km Generalüberholung.

Bei Diesel-Lokomotiven verteilen sich periodische Untersuchungen auf 50 000 und 100 000 km (kleine und große Durchsicht). 200 000 km Hochnahme und bei 600 000 km Generalreparatur.

Nachdem die Dampftraktion fast keine Bedeutung mehr hat, werden viele Bahnbetriebswerke geschlossen oder zusammengelegt. Für die Elektrolokomotivbehandlung blieb nur eine Generalumstellung der Werkanlagen übrig, dagegen konnten die Diesellokomotiven in den älteren Anlagen verbleiben.

So stehen Diesellokomotiven aller Typen in den alten Ringschuppen, dagegen Elektroloks in Neubauten oder rekonstruierten Betrieben.

11. Kapitel

Ausbildungswesen und soziale Einrichtungen

Die SZD beschäftigt ca. 2 Millionen Arbeitnehmer, die in allen Sparten der Eisenbahntechnik tätig sind. Das bedingt eine gute und umfassende Ausbildung jedes einzelnen, vom Gleisbauarbeiter bis zum Verwaltungsbeamten. Durch die heute rasch fortschreitenden Entwicklungen benötigt gerade das Großunternehmen »Bahn« eine Vielzahl von Fachleuten.

Sollen die Ziele, die die Regierung für die nächsten Jahrzehnte der SZD gestellt hat, erreicht werden, so ist nicht nur der Materialeinsatz wichtig und ausschlaggebend, sondern das Schulwesen intensiv zu fördern und auszubauen.

Die Berufsvorbereitung erstreckt sich über vier Bildungswege, und zwar der Berufsschul-, der Ingenieurs- und der Hochschulbildung und außerdem durch Abendkurse oder Fernstudium. Selbst die Grundschulausbildung wird in abgelegenen Landesteilen durch die SZD übernommen. So stehen den Kindern ca. 80 Grund- und Oberschulen, sowie mehrere Internate zur Verfügung. Schon hieraus erkennt man, daß die pädagogische Ausbildung gänzlich anders gegliedert ist, wie in den westeuropäischen Ländern. Das gleiche gilt auch für die Berufs- und Ingenieursschulen. Selbst die Hochschulen sind speziell auf den Verkehrsträger »Bahn« ausgerichtet und unterstehen dem Minister für Verkehrswesen der UdSSR. Insgesamt verfügt die Bahn über 12 Hochschulen und 83 Technikas (Ingenieurschulen) sowie die über das Land verteilten Berufsschulen, die aus den Gewerkschaften hervorgingen.

Zu den maschinentechnischen Berufen werden nur männliche Bewerber zugelassen, wogegen für die Verwaltungsaufgaben und für den fahrtechnischen Dienst in großem Umfang auch Frauen eine Ausbildungs- und Arbeitserlaubnis erhalten.

In den Berufsschulen der Anfangsjahre konnten nur gewisse Grundkenntnisse den Arbeitern vermittelt werden. Der sowjetischen Eisenbahn genügte dieser Ausbildungsstand aber bald nicht mehr, so daß man in den 40er Jahren die Gewerbe- und Eisenbahnschulen gründete. Als 3. und endgültige Stufe hat die heutige Berufsschule im sowjetischen Schulwesen ihren Platz gefunden. Sie stellt sich jetzt jeweils auf einen gewissen Industriezweig oder im anderen Fall auf den Verkehrsträger ein.

Als Abschluß erhalten die Auszubildenden den sogenannten Facharbeiterbrief und das Reifezeugnis. Neben dem beruflichen Teil in Praxis und Theorie erhalten die Schüler auch einen allgemeinbildenden Unterricht. Die Ausbildungszeit beträgt 3 Jahre. Die Einrichtungen dieser Schulen sind gerade in der Sowjetunion als vorbildlich zu bezeichnen. Neben Hörsälen und Werkstätten hat fast jede Schule auch ein Labor für Materialprüfungen und den Chemieunterricht. Über 3000 Lehrer und 10 000 Lehrmeister stehen diesem Schulzweig zur Verfügung.

Die nächste Stufe bildet das Technikum. Diese Institutionen sind in den meisten Fällen Nebenstellen der Eisenbahnhochschulen. In den Ingenieurschulen wird der Nachwuchs für die mittlere Laufbahn der SZD herangebildet. Bis zu 110 000 Studierende sind periodisch eingeschrieben. Als Abschluß erhält der Studierende ein Ingenieur- oder Technikerdiplom.

Die hier Ausgebildeten stellen das Rückgrat der 470 000 Spezialisten der SZD dar, ohne die ein geregeltes und fortschrittliches Unternehmen, wie es die Bahn in der Sowjetunion nun einmal darstellt, nicht existieren kann.

Die Angehörigen der höheren Laufbahn erhalten ihre Ausbildung an den 12 Hochschulen des Landes. 90 000 Studierende sind laufend immatrikuliert.

Seit Bestehen der UdSSR haben ca. 200 000 Ingenieure und Diplom-Ingenieure die Hochschulen besucht. Leider hatte ich nicht die Möglichkeit, die Hochschule für Verkehrswesen bei einem Besuch der Stadt Chabarowsk zu besichtigen. Rein äußerlich macht diese 1939 gegründete Schule einen sehr gepflegten und sauberen Eindruck. Meiner Ansicht nach fällt gerade dieser Hochschule das außerordentlich wichtige Ausbildungsprogramm zu, den Nachwuchs für das gesamte fernöstliche Land am Amur heranzubilden. In den 70er und 80er Jahren muß ein aufwendiges Eisenbahnprogramm gerade in Fernost bewältigt werden. Rekonstruktion und Elektrifizierung der Transsibirischen Eisenbahn, Ausbau der Industriemagistralen um Komsomolsk und der Neubau der Amur-Baikalbahn. Der überwiegende Teil des von der Hochschule kommenden Nachwuchses wird sich dieser Aufgabe widmen müssen.

Die Fakultät vermittelt 20 Fachrichtungen, so z. B. die Gebiete Elektrifizierung, Ober- und Unterbau, Mechanik, Sicherungs- und Fernmeldetechnik sowie die Betriebswirtschaft und Ökonomie des Eisenbahnbetriebes.

Die Hochschule verfügt über ein eigenes Rechenzentrum für Forschung und Gesamtausbildung mit einem Rechner Typ Ural 14. Bis zu 7000 Studierende, davon 35 Prozent, eingerechnet die Fern- und Abendabsolventen, besuchen diese wichtige Hochschule. Bis zu 300 Dozenten halten regelmäßig Vorlesungen. Die Bibliothek der Schule soll 50 000 Bücher umfassen. Das Studium fremder Bahnen aller Kontinente ist selbstverständlich. Diese Aufgabe obliegt den Informationsingenieuren, die alle Neuerscheinungen des In- und Auslandes prüfen und weitergeben.

Das Kapitel Ausbildungswesen und soziale Einrichtungen wäre unvollständig, wollte man nicht über die Arbeits- und Lebensbedingungen der sowjetischen Eisenbahner berichten und welche finanziellen Mittel der Staat hierfür investieren muß. Um die sozialen Probleme hat sich nicht nur die Bahnverwaltung zu kümmern, sondern vor allen Dingen die Gewerkschaftsorganisation. Durch den Einfluß dieser Organisation in Zusammenarbeit mit den staatlichen Stellen lassen sich heute respektable Sozialleistungen in allen Bereichen aufweisen. Gerade den Mitarbeitern der SZD sind manche Vergünstigungen in den letzten Jahren zuteil geworden, die die Betreuung, Versorgung, Gesundheit, Wohnungsbau, Lohn und Gehälter betreffen. Sicher war diese soziale Aufwärtsentwicklung dringend notwendig, wollte man die Arbeitsproduktivität, von diesem Gesichtswinkel aus betrachtet, erhöhen. Der persönliche Anreiz spielt auch in diesem Land eine große Rolle. So stand die Produktivität zum Verkehrsaufkommen in einem krassen Widerspruch, vor allem in den Jahren von 1917–1958.

In diesem Zeitraum machte die industrielle Entwicklung des Landes so rasche Fortschritte, daß die zehnfache Transportmenge den Bahnen auferlegt wurde. Durch vermehrten Personaleinsatz versuchte man, der Lage Herr zu werden, zumal die Bahnanlagen durch den letzten Krieg stark gelitten und nicht dem modernsten Stand entsprachen.

Mit Beginn des Siebenjahrplanes 1958–1965 leitete die Regierung neue Reformen ein und ordnete moderne technische Rekonstruktionen an, um der wirtschaftlichen Situation Herr zu werden. Das Lohnsystem wurde umgestellt. So bekamen bestimmte Berufsgruppen einen höheren Grundlohn und neue Akkordsätze. Die Traktionsumstellung schnell, auch gegen den teilweisen Widerstand verschiedener Fachleute durchgesetzt, zeigte sehr bald einen durchschlagenden Erfolg. Loklangläufe der Diesel- und Elektroloks, Einführung von Ganzzügen vom Erzeuger bis zum Verbraucher und ein neues Schichtsystem waren dabei maßgebend. Zu dem Grund- und Akkordlohn gewährt der Staat in den einzelnen Klimazonen unterschiedliche Lohnzulagen. Zwischen Arbeitsaufnahme und einer fünfjährigen Tätigkeit in den extremen Kältegebieten wird z. B. 80 Prozent Lohnzuschlag gezahlt. Ein Anreiz also, dem sich nicht jeder Eisenbahner entziehen will, zumal 42 Tage Tarifurlaub und alle 3 Jahre 16 Sonderurlaubstage gewährt werden. Familienfreifahrtscheine für Hin- und Rückreise zum Ferienziel sind selbstverständlich.

Bei der Vergabe von Ferienplätzen ist die Gewerkschaft behilflich, wobei bewährte und verdiente Mitarbeiter stillschweigend einen gewissen Vorteil bei der Auswahl der Plätze genießen. Jährlich gibt die Gewerkschaft bis zu 500 000 verbilligte Urlaubsschecks aus. Wer sich Verdienste besonderer Art erworben hat, kann mit einem kostenlosen Urlaub rechnen. Diese Handhabung der Urlaubsvergabe trifft man nicht nur bei der SZD an, sondern wird im ganzen Industrie- und Landwirtschaftsbereich so gehandhabt. Als wirklich hervorragend kann die Ferienbetreuung der Jugendlichen gelten. Die Dienststellen der SZD unterhalten in den schönsten Landesteilen Ferienlager, in denen die Jugendlichen bei Spiel und Sport ihre Freizeit sinnvoll verbringen. Eine Teilnahmepflicht, wie oft angenommen, besteht nicht.

Das weitläufige Land kennt Einrichtungen für das Bahnwesen, die uns Mitteleuropäern vollkommen unbekannt sind. So werden die Bahnhöfe, Dienststellen und Außenposten abgelegener Strecken mindestens einmal im Monat mit allen zum Leben notwendigen Waren und Verbrauchsgütern versorgt. Hierzu unterhalten die verschiedenen Bahnverwaltungen fahrende Kaufhäuser, die in Spezialwaggons untergebracht sind.

Ein besonderes Anliegen der Bahn ist die ärztliche Betreuung eines jeden Mitarbeiters. Ein eigenes Netz von 850 Krankenhäusern, ca. 1800 Polikliniken und ebenso vielen Krankenstationen steht zur Verfügung. Selbst Hubschrauber sind heute für den Krankentransport eine Selbstverständlichkeit. 30 000 Ärzte hat die Bahn für ihre Dienste verpflichtet.

Ein bahneigenes Wohnungsbauprogramm ist schon seit Jahren aufgestellt und kommt zur Ausführung. Der Wohnraumbedarf ist enorm. Man kann durchschnittlich in einem Planjahrfünft mit 9 Mill. qm Wohn- und Nutzfläche rechnen. Die Vergabe geschieht nach Dringlichkeitsstufen, wobei Arbeitsdisziplin und Verdienste eines Bewerbers mit ausschlaggebend sind. Wie jeder Bahnverwaltung, so brachte auch der SZD die Traktionsumstellung gewisse Personalprobleme. Kurzfristig mußten verschiedene Bahnbereiche umgestellt werden. So galt es, das Lokpersonal grundlegend umzuschulen von Dampf auf Diesel und Strom, Bahnbetriebswerke hatten eine technische Umrüstung vorzunehmen, wobei Zusammenlegungen erfolgten. Dadurch trat die Wohnraumfrage in den Vordergrund, denn das Personal wurde versetzt. Durch Umschulungen, die teilweise bis zu einem Jahr dauerten, konnten die Betroffenen auf ihre neuen Aufgaben ohne Lohnausfall vorbereitet werden. Sie erhielten neue Wohnungen an einem neuen Arbeitsplatz. Da die Elektrifizierung und Verdieselung im großen Stil und weiträumig durchgeführt ist, gilt auch diese unangenehme Zeiterscheinung für die SZD als abgeschlossen. Die moderne Technik verlangt eben Opfer und menschliches Anpassungsvermögen.

12. Kapitel

Forschung, Einsatz der Elektronik und Perspektiven bis 1985

Kein Fortschritt ohne Forschung!

Die Datenverarbeitung, von den sowjetischen Forschern und Technikern herbeigesehnt, galt bei den Ideologen und der Parteispitze des Landes lange als eine unkontrollierbare geheimnisvolle und nicht überschaubare Materie.

Der Westen dagegen erkannte frühzeitig die Vorteile der Elektronik, um sie in den Dienst der Wirtschaft zu stellen. Es ist daher nicht verwunderlich, daß dieser Zweig einen raschen Aufschwung nahm.

Die Sowjetunion begann mit dem Aufbau dieser auch für sie als Weltmacht so wichtigen Zukunftsindustrie verhältnismäßig spät. Die zweite und dritte Generation von Prozeßrechnern trat ihren unaufhaltsamen Einzug in Handel, Forschung und Wirtschaft der USA und Europa an, als die UdSSR die Produktion erst ankurbelte. Ein Handikap waren außerdem strategische Ausfuhrbestimmungen, die besagten, daß Natoländer keine EDV-Anlagen, Pläne und Bausteine davon an den Osten verkaufen durften. Wie immer in solchen Situationen bildete die Wirtschaftsführung der UdSSR einen Aufbauschwerpunkt, ohne Rücksicht auf andere Belange und Forderungen. Militär, Raumfahrt, Forschung und das Transportwesen hatten und haben Vorrang bei der Belieferung mit EDV-Anlagen. Die erste Generation der Sowjetrechner war im äußeren Erscheinungsbild voluminös und in ihrer Speicherkapazität begrenzt. Jahrelange Forschungs- und Entwicklungsarbeit unter Mithilfe des Comecon und in neuerer Zeit auch mit westlichen Firmen ließen Anlagen entstehen, die in ihrer Gesamtkonzeption eine echte Rationalisierung für die sowjetische Wirtschaft darstellten.

Das Transportwesen erhielt Computer der Typen EDV-Minsk-22, Ural 2 und Ural 14. Durch die schnelle Entwicklung der elektronischen Industrie und die spärlichen Informationen von sowjetischer Seite lassen sich keine genauen Daten und Standortverteilungen der einzelnen Anlagen machen. Ein allgemeiner Überblick soll daher genügen. Das Jahr 1969 gilt als Einführungszeitpunkt für die Elektronik bei der sowjetischen Eisenbahn.

Die SZD erhofft mit Hilfe dieser modernen Technik, die Lenkung des Verkehrsablaufes, Planungen sowie Steuerung und Aufschlußanalysen über den Gesamtbetriebsablauf verbessern zu können. Im Detail gesehen heißt das, daß z. B. Fahrpläne, Lohn- und Gehaltsabrechnungen, Einsatz der Triebfahrzeuge und deren Durchsichtstermine, die Kontrolle der Wagenläufe auch innerhalb der OPW ausgearbeitet und bearbeitet werden.

Die Zahlen und Informationen der Bahn steigen außerordentlich an, so daß nur die elektronische Rechentechnik einen Ausweg zeigt. Auch auf den großen Rangierbahnhöfen leitet der automatische Fahrdienstleiter die Zugumstellungen. 1971 haben für diese Arbeiten, die Rangier-Bahnhöfe Minsk und Gomel Prozeßrechner Minsk 22 erhalten.

Die modernste Anlage der SZD ist auf dem Moskauer Rangierbahnhof Lowinostrowska installiert. Amtlichen Angaben zu Folge, erfolgt die Zugauflösung, die Wagenabbremsung am Ablaufberg und die Zusammenstellung der neuen Züge selbständig ohne menschlichen Eingriff in den Vorgang selbst. Der automatische Betriebsablauf, gefördert durch die Fernsteuerung, ist ein Endziel der sowjetischen Eisenbahnverwaltung.

Schwierigkeiten treten bei der Aufstellung der eigentlichen Programme auf, da die Eigenarten des Bahnbetriebes mit den vielen im voraus meistens nicht zu überblickenden Situationen kaum erfaßbar sind. Es bedarf einer monatelangen Arbeit von Ingenieuren, Mathematikern und Fernmeldespezialisten, die komplizierten Fragen der Sonderprogramme zu erstellen und in den praktischen Betriebsablauf des Alltags umzusetzen. In Leningrad entstand ein Großrechenzentrum, das für die Zukunft den gesamten betrieblichen Prozeß der Oktoberbahn lenkt.

Eine andere interessante Entwicklung ist die automatische Steuerung von Zügen. So hat das wissenschaftliche Institut für Prozeßrechner in Zusammenarbeit mit der Waggonfabrik Riga und dem Bahnbetriebswagenwerk Moskau das Steuerungssystem SAU entwickelt. Die Elektronik regiert auf Lichtsignale, läßt sich umprogrammieren und garantiert Genauigkeiten beim Halten von 2 m Differenz.

Wer die Sowjetunion studienhalber besucht, wird die Feststellung machen, daß auf allen wirtschaftlich-technischen Gebieten eine umfangreiche Forschung betrieben wird, deren Ergebnis für den einzelnen Touristen aber nicht immer sichtbar ist, die sowjetische Wirtschaft und das Verkehrswesen aber zum modernen und rationellen Denken und Handeln auffordert.

Gehen die Impulse im Westen meist von der Wirtschaft und dem Unternehmertum aus, so liegen diese in der Sowjetunion ganz ohne Zweifel bei den Regierungsstellen. Der Staat weiß um die Notwendigkeit, den Fortschritt im Eisenbahnwesen mit allen nur erdenklichen Mitteln zu forcieren. Hierfür werden die Möglichkeiten der gesamten Sowjetindustrie aufgeboten. Die SZD ist Großverbraucher an Energie und Material. Sie hat diese Faktoren sparsam und ökonomisch richtig einzusetzen bei gleichzeitig höchstem Ausnutzungsgrad aller Anlagen. Zur Durchsetzung dieser Forderung spielen die Forschungsanstalten und Institute der UdSSR eine große Rolle. Man treibt Grundlagenforschung in Zusammenarbeit mit der SZD vom Brückenbau bis zur Wagenneukonstruktion. In 50 Laboratorien, Projektierungs- und Konstruktionsbüros arbeiten ca. 8000 Fachleute aller Volkswirtschafts-Kreise. Durch die weiten Strecken bedingt und zum anderen durch die Lage der Industriezentren müssen die günstigsten Fahrwege ermittelt werden, die dann wiederum entsprechend zum Ausbau vorgesehen sind.

Selbstverständlich verfügt auch die sowjetische Eisenbahn über die verschiedensten Versuchsstrecken, so baute man bei Maikop eine 25 km lange Strecke, die zur Fahrzeugerprobung dient. Der Gleiskörper gestattet Schnellfahrten bis 250 km und die Erprobung von Schwerlastzügen. Zum genauen Messen von Daten sind alle benötigten Vorrichtungen installiert. Neuartige Schwellenbauarten und Schienenprofile vervollständigen die Strecke.

Die Neukonstruktion der 120-Tonnen-Kesselwagen mit acht Achsen sowie der achtachsigen Großgüterwagen sind hier eingehend getestet worden. Das Moskauer Forschungsinstitut für Waggonbau ist heute maßgebend an der Entwicklung von Triebfahrzeugen mit Gasturbinenantrieb beteiligt. Die technische Ausführung dieser Arbeiten übernimmt der Waggonbaubetrieb Kalinin. Um wichtige Angaben bei der Konstruktion neuer Fahrzeuge zu erhalten, scheut man nicht einmal absichtlich herbeigeführte Eisenbahn-Katastrophen zu verwirklichen. Als die sowjetischen Waggonbauer ihre ersten Aluminiumfahrzeuge herstellten, ließ man einen kompletten Zug auf dem Moskauer Prüfring mit anderen Fahrzeugen zusammenprallen. Zuvor hatten die Konstrukteure mit Hilfe von hydraulischen Pressen die Wagen Vertikalbelastungen und Druckproben ausgesetzt. Die hieraus gewonnenen Erkenntnisse werden der Produktion der einzelnen Herstellerfirmen dieser Branche zu Gute kommen.

Immer schneller dreht sich auch bei der SZD das Rad der Entwicklung. Neu entdeckte und entwickelte Arbeitsmethoden, Materialien und Techniken werden das Zukunftsbild der Bahn entscheidend beeinflussen. Die 70er Jahre aber dienen noch den Rekonstruktionen und der grundlegenden Erneuerungsphase. Eine projektierte Supereisenbahn mit einer Fahrleistung von 1000 km/h steht zur Entwicklung laut der Eisenbahnzeitschrift »Gutdock« an. Ein Lokmodell ist in Leningrad gebaut worden, das einen Linearmotor besitzt und mittels Magnetfeld über eine Schiene gleitet. Die Dsershinski-Werke in Kiew bauen die erste Einschienenbahn, die auf einer Versuchsstrecke sorgfältigen Prüfungen unterzogen wird, um Laufeigenschaften, Grenzwertprobleme und ökonomische Grundsatzfragen zu prüfen. Die vom 24. Parteitag gestellte Zukunftsversion ist eine harte Forderung an die Infrastrukturträger, ob die Ziele erreicht werden, bleibt vorerst nur Hoffnung.

Am Können und Wollen des einzelnen ist nicht zu zweifeln, wirtschaftlich gesehen aber tritt dabei ein Fragezeichen in den Vordergrund.

13. Kapitel

Der Gleisnagel

Ich möchte meinen Bericht nicht schließen, ohne über einen Gleisnagel zu berichten, der meine Reise 1968 durch Sibirien nachhaltig beeinflussen sollte. Es war kein goldener oder silberner Gleisnagel, wie man glauben möchte, über den es sich hier lohnte zu berichten, sondern ein Eisennagel, wie ihn die SZD auch heute noch zu Millionen benötigt. Er hat eine Länge von 255 mm, eine Stärke von 15 mm und sein Gewicht beträgt 560 g.

Von Anfang an hatte ich mir vorgenommen, ein Souvenir, ganz gleich welcher Art, nur bahntechnisch sollte es bezogen sein, mit nach Hause zu bringen. War die Bahnfahrt von Moskau über den Ural nach Nowosibirsk zügig verlaufen, so sollte sich das bei dem zweiten Reiseabschnitt nach Irkutsk grundlegend ändern.

Der Streckenabschnitt zum Baikalsee durchläuft die Endausläufer des Sajangebirges durch herrliche Mischwälder in weitläufigen Kurven, die ein zügiges Fahren bei einwandfreier Strecke trotzdem noch ermöglichen. Während meiner Fahrt 1968 hatte man sehr viele Langsamfahrstellen eingerichtet, da die Strecke manuell überarbeitet werden sollte.

In der heutigen Zeit bei den enormen Auslastungen der Strecken, ganz gleich in welchem Land, fast keine erwähnenswerte Tatsache. Im Grunde war ich recht erfreut über das oftmalige Halten des Zuges, erlaubten mir die Zwangspausen doch oft und ausgiebig das weitläufige Land zu betrachten und ab und zu eine Aufnahme zu machen.

In diesem Spätsommer zeigte sich die aufgelockerte Taiga von ihrer besten Seite. Blauer Himmel, eine angenehme Temperatur ließen Zweifel an ein rauhes und überaus kaltes Sibirien aufkommen. Am Spätnachmittag des letzten Zugreisetages hielt abermals unser Baikalexpreß. Ich stand am geöffneten Gangfenster und betrachtete über das Gegengleis hinweg dicht an der Böschung ein Tageslager für, wie sich später bestätigte, eine Gleisbaubrigade.

Ein Blick genügte und ich hatte das Souvenir, das ich mir wünschte, nämlich einen Gleisnagel der transsibirischen Eisenbahn erspäht. Er sollte, war ich erst einmal in Hannover, gereinigt und versilbert als Briefbeschwerer dienen. Ein Andenken, das mich an diese einmalige Reise auf der transsibirischen Bahnstrecke stets erinnern sollte.

Der Zug fuhr langsam an, hielt aber sofort wieder. Wir befanden uns mitten in der Baustelle. Männer und Frauen wechselten die Schienennägel zu Dutzenden aus. Der russischen Sprache nicht mächtig, versuchte ich meinen Wunsch mit

Gesten und Handbewegungen dem am nächsten stehenden Arbeiter klarzumachen, vergebens. Die Verständigung klappte nicht.

Abermals setzte sich der Zug in Richtung Reschoty in Bewegung ohne mir einen Gleisnagel zu bescheren. Eines hatte die Baubrigade bemerkt, der Reisende mußte ein Germanski sein und dementsprechend viel auch die Verabschiedung aus. Auf dieser Bahnfahrt bot sich keine Möglichkeit mehr, ein Souvenir dieser Art zu erhalten. Schnell fand ich mich mit der Tatsache ab, in dieser Angelegenheit umsonst recherchiert zu haben.

In Irkutsk angekommen, nahm uns eine nette und sehr aufgeschlossene Dolmetscherin in Empfang. Mit Galina, das sollte sich bald herausstellen, hatten wir den großen Fang gemacht. Sie ermöglichte uns eine Fahrt an den Baikalsee, organisierte den Besuch in einem Industriebetrieb, der uns aus beruflichen Gründen interessierte und begleitete die Gruppe, der sich auch Amerikaner, Österreicher, Schweizer und Engländer anschlossen, in die nähere Umgebung. Während der Busfahrt zu einem Besuch der Universität Irkutsk unterbreitete ich Galina mein Gleisnagelbegehren. Ich höre noch heute ihr Lachen über diesen Scherz, den da ein Tourist von sich gab. So einen Wunsch hatte man ihr noch nie unterbreitet.

Wie sollte die Aktion gestartet werden? Ich bat sie, mich zum Bahnhofsvorsteher von Irkutsk zu begleiten. Mein Wunsch wollte ich selbst vortragen, wenn sie nur für die Verständigung Sorge tragen würde. Galina überlegte nicht lange und sagte zu, am nächsten Tag den Weg zum Bahnhof mit mir zu unternehmen.

Meine Freunde äußerten ebenfalls die Bitte, ihnen dieses nicht alltägliche Souvenir mitzubringen.

Am nächsten Tag nach dem Frühstück begann die Aktion »Gleisnagel«. Der Hauptpersonenbahnhof Irkutsk gliedert sich in einen Neu- und Altbau, wobei der Neubau dem Publikumsverkehr dient und der Altbau der Verwaltung vorbehalten ist. Wir betraten eine Art Großraumbüro, in dem mehrere Beamtinnen residierten. Galina trug mit leiser Stimme einer resoluten Dame meinen Wunsch vor. Nach eingehender Musterung meiner Person und einigen Minuten Wartezeit betraten wir das Zimmer des obersten Bahnhofsbeamten.

Es war für ihn sicher das erste Mal, einem Westdeutschen gegenüberzustehen. September 1968 war ein nicht gerade günstiger Termin für Wünsche und Gespräche zwischen mir als Bittsteller und ihm, einem sowjetischen Bahnbeamten, das ging mir in dieser Minute schlagartig durch den Kopf. Um so erstaunter war ich, wie freundlich er mich begrüßte und selbst meine Bitte positiv zur Kenntnis nahm.

Meine Begründung, den Nagel als Briefbeschwerer zu benutzen, konnte er sicher nicht begreifen. Ein Telefongespräch mit dem Magazin und drei neue Original-

Gleisnägel lagen auf seinem Tisch. Meine Bitte um bereits verwendete Nägel wurde abgewiesen, denn einem Besucher wollte man nur etwas Neues anbieten. Ca. eine Stunde dauerte das anschließende Gespräch, das sich von Lokomotiven bis zur Schienenbefestigung in Holz und Beton erstreckte.

Für Galina waren das schwierige Minuten, wie sie mir anschließend sagte, denn die Fachausdrücke mußte sie förmlich umreden. Nach einer überaus freundlichen Verabschiedung verließen wir den Bahnhof. Flotte Weisen einer Militärkapelle, die auf dem Bahnhofsvorplatz spielte, galten nicht etwa mir, sondern jungen Studenten und Komsomolsen, die in ein Ferienlager verabschiedet wurden.

Im Grunde wäre die Geschichte über den Gleisnagel nun zu Ende. Ich habe ihn beim Juwelier versilbern lassen und er liegt heute dort, wo er liegen soll, nämlich auf dem Schreibtisch. Aber nicht nur angenehme Erinnerungen sind mit ihm verbunden, auch eine heikle Situation beschwor dieses Souvenir für mich herauf. Bei einem Gespräch in Alma Ata war man allen Ernstes der Ansicht, ich wollte mich in den Besitz einer Materialprobe bringen. Was das für einen Touristen und Eisenbahnliebhaber bedeuten kann, braucht wohl kaum weiter ausgeschmückt zu werden. Bei dieser Gelegenheit verlor ich leider auch die Adresse unserer freundlichen Dolmetscherin Galina aus Irkutsk. Vielleicht erfährt sie doch einmal auf Umwegen, den Inhalt dieser Zeilen. Ich würde mich darüber herzlich freuen.

Güterzug auf der Amur-Bahn. Dieser Teil der Transsib wird Ende der 70er Jahre elektrifiziert

Flußniederung bei Kujbyschew mit Hauptstrecke Rjasan-Ural. Güterzug geführt von einer WL 10.

Gebirgsstreckenteil der Transsibirischen Eisenbahn.

Streckenabschnitt der Linie Abakan-Taischet durch das Sajan-Gebirge. Diese Neubaustrecke wurde von Anfang an für den elektrischen Betrieb ausgerüstet.
Typisch für die Güterzüge im sibirischen Bereich sind die Holztransporte.

Eröffnungsfeier der 1400 km langen Turksibirischen Eisenbahnlinie, gebaut in den Jahren von 1926–1930.

Fernschnellzug auf der Kasachischen Strecke bei Barnaul, früher Turksib genannt.

Zweigleisiges Brückenbauwerk mit Wachhaus. Der große Zwischenraum zwischen den Gleisübergängen ist in der UdSSR oft anzutreffen.

Transsibirischer Streckenabschnitt am Südufer des Baikalsees (Gleichstrom 3000 Volt). Vordergrund WL 22^M mit Schnellzug.

Ein seltenes Bild. Nach amtlichen Angaben ein Streckenabschnitt an der Lena. Danach muß diese Aufnahme in der Nähe von Ustkut entstanden sein und kann schon als kurzes Stück der Beikal-Amur-Magistrale gelten.

Eisenbahnfährhafen von Krasnowodsk am Ostufer des Kaspischen Meeres. Die Fährverbindung zwischen Baku und Krasnowodsk besteht seit 1962.

Brückengroßbaustelle an der Nordsibirischen Eisenbahnlinie bei Ust-Ilim. (Streckenabschnitt Chrebtowaja-Ust-Ilim). Die vorerst eingleisige Brücke ist mehr als 800 m lang und überspannt die Angara.

Typisches Landschaftsbild Mittelsibiriens. Schnellzug im Irkutsktal.

Eine der wenigen Aufnahmen, die im Westen veröffentlicht wurden, zeigt die größte Eisenbahnbrückenbaustelle der SU bei Komsomolsk am Amur. Nach Fertigstellung 1974 hat dann die im Bau befindliche Baikal-Amur-Magistrale einen direkten Anschluß an den BAM-Streckenteil Piwan-Sowjetskaja-Gawan. Der Fährverkehr und der Winterbetrieb über das Eis gehören dann der Vergangenheit an.

Bild oben links
Montagehalle der Lokomotivfabrik Budjony in Nowotscherkassk. Montage der Standard-Wechselstromlokomotive WL 60.

Bild unten links
Ein für Bulgarien bestimmter Triebwagenzug (ER 25) in der Montagehalle der Waggonfabrik Riga.

Bild unten rechts
Zum Abtransport bereitgestellte Neubaukesselwagen.

Sowjetische Lokomotiven auf einer Ausstellung.

TE 3 im Depot.

Export-Diesellok V 120 der SU für die Deutsche Reichsbahn DDR.

TG 102 Diesellok in 2 Sektionen B'B' + B'B' 164 t Dienstmasse;
Achslast 20,5 Mp;
Höchstgeschwindigkeit 120 km/h;
4 x 1000 PS;
Dieselhydraulischer Antrieb.

TG 106 Dieselhydraulische Lokomotive.
1. Baujahr 1961;
2 x 2000 PS Leistung; 120 km/h Höchstgeschwindigkeit.

WL 8 — Erste leistungsfähige Gleichstromlokomotive in zwei Sektionen. Achslast 22,5 t; Höchstgeschwindigkeit 100 km/h; Erstes Baujahr 1951. Herstellerwerk Lokomotivfabrik Budjony.

Standardlok WL 60. Sie wird für den Personenzug- und in abgeänderter Form auch für den Güterzugverkehr gebaut. Baujahr 1961/62; Geschwindigkeit 110—130 km/h; Leistung 3900 bzw. 4140 kW.

Güterzug-Elektrolokomotive WL 10.

Steuerwagen für Tagebaukomplettzug. Ausstellungsobjekt der DDR auf der Hannover-Messe 1969. (Lok EL 10 für 10 kV, 50 Hz, 1640 KW)

50 Hz 25 kV Elektro-Doppellok; 184 t Dienstmasse; Höchstgeschwindigkeit 110 km/h für den Güterzugdienst.

Die WL 10 ist eine Doppellok von 184 t Dienstmasse; Achsfolge B'B' + B'B' mit einer Höchstgeschwindigkeit von 110 km/h; Achslast 23 Mp; Herstellerwerk: Lenin Tiblissi.

Kombinationslok Diesel/Elektro für den Kohlentagebau im Revier Irkutsk/Baikalsee. Herstellerfirma Budjony/ Nowotscherkassk. Leistung 8700 PS.

Sechsachsiger Großraumgüterwagen.

Für Schwersttransporte der Grundstoffindustrie entwickelte und baute die Waggonbauindustrie einen achtachsigen Selbstentladewagen. Tragfähigkeit 120 t.

Achtachsiger Großkesselwagen für die Petrochemie. Tragfähigkeit 120 t. Neukonstruktion der Schdanowwerke im Donbass.

Vierachsiger Zement-Transportwagen. Tragfähigkeit 58 t.

Maschinenkühlwagen Typ ZB 5 des VEB Waggonbau Dessau, hergestellt für die SZD (Hannover-Messe).

Autotransporter neuerer Konstruktion.

Expreß-Reisezugwagen der SZD. Eine Sonderkonstruktion die von den Standard-Typen abgeleitet wurde.

Aussichtswagen für Expreßzüge.

Speisewagen eines Weitstreckenzuges

Gang eines Weitstreckenwaggons.

Abteil eines Fernschnellzugwagens, der im Zugverband des »Sturmvogels« zwischen Moskau und Gorki verkehrt.

Abteil eines Nahverkehrswagens. Gebaut in der Waggonfabrik Riga.

24-m-Gleisjoch. Gut zu erkennen das Gleisnagelsystem der SZD.

Gleisjochverlegekran UK 25/21. Mit ihm können 25-m-Schienen einschl. der geschraubten Betonschwellen verlegt werden.

Zentrale Gleisjochmontage und Toleranzprüfung.

Schienenhalle im Kusnezer Hüttenwerk.

Gleisausleger neuerer Konstruktion, der auf dem Bahnkörper die letzten Gleisjoche verlegt. Baustelle der Bahnlinie Ural—Ob.

Gleisbaumaschinen der SZD.

Modell eines Gleisbauzuges, ausgestellt auf der Weltausstellung 1970 in Osaka in Japan.

Eisenbahnkräne für die SZD
Hersteller: SM Kirow-Werke Leipzig (DDR)

STROM VON DER SEJA

Großbaustelle des Sejakraftwerkes in Fernost. Dieses Bauvorhaben ermöglicht erst die Elektrifizierung des östlichen Abschnittes der transsibirischen Eisenbahn.

Turbinenhalle der hydrotechnischen Mammutanlage Bratsk an der Angara.

Oberleitungsmontage

Transformatorenmontage in einem Unterwerk

Zentralstellwerk für Fernstrecken, System EST 62.

Schaltzentrale für einen modernen Ablaufberg.

Sowjetische SA 3-Kupplung. Vorderansicht (Bewegliche Kupplungsart).

Westeuropäische Eurokuppler (Starre Kupplungsart).

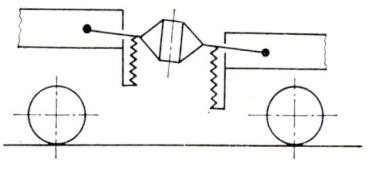

Starre Kupplung

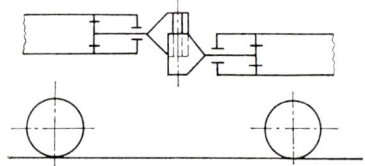

Bewegliche Kupplung

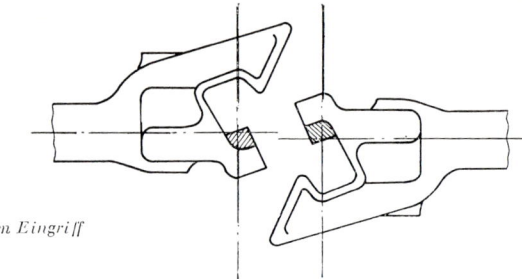

a) *vor dem Eingriff*

b) *vor dem Verriegeln*

c) *gekuppelt*

d) *Lösestellung*

SA-3-Kupplung im Schema.

Willison-Kupplung angebaut an SZD-Kühlwagen.

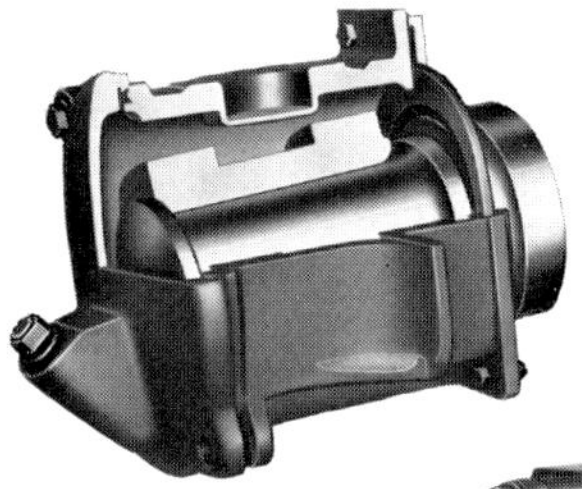

Gleit- und Rollenlager für Eisenbahnfahrzeuge

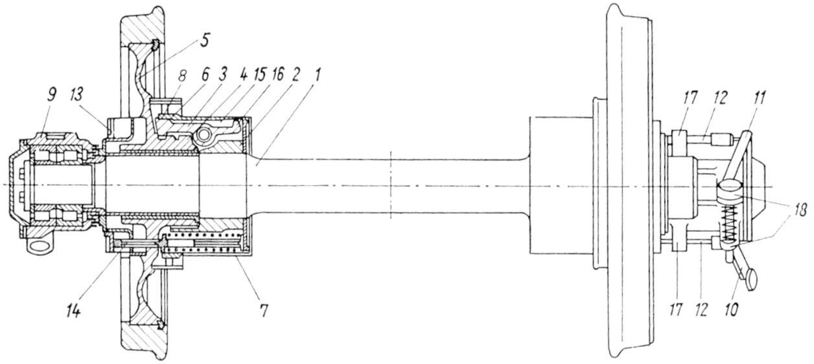

Spurwechselradsatz DR IV

1 Achswelle
2 Kupplungsstern
3 Kipphebel
4 Radnabe
5 Radscheibe
6 Hülse
7 Druckfeder
8 Keilfläche
9 Achslagergehäuse
10 Kurbel
11 Hebel
12 Druckstößel
13 Steuerscheibe
14 Druckstange
15 Nase
16 Nocken
17 Stütze
18 Lager

Güterwagen-Fahrgestell der SZD-Güterwagen.

Spurwechselradsatz DR IV DDR-Konstruktion.

Bahnhofsgebäude Taschkent von der Bahnsteigseite aus gesehen.

Vorortszug im Bahnhof Taschkent. Hier liegen geschraubte Schienen auf Betonschwellen, die sich in den Wüstengegenden ganz besonders bewährt haben.

Weichenstraße im Vorfeld eines sowjetischen Eisenbahnknotenpunktes.

Leningrader Bahnhof in Moskau.

Modernes sowjetisches E-Lok BW.

Hydraulische Wagenhebevorrichtung in einem Waggonausbesserungswerk.

*Großgütergrenzbahnhof Tschop.
Hier laufen die Magistralen aus den südwestlichen
Comeconländern zusammen, um ihre Fortsetzung in die
UdSSR zu finden.*

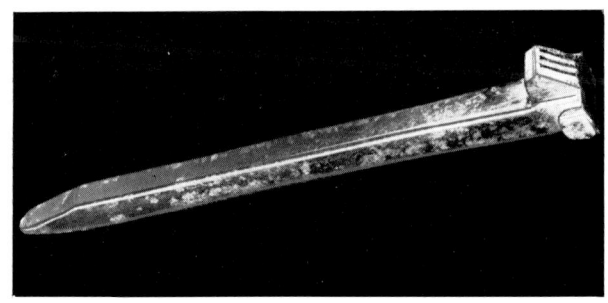

*Ein Gleisnagel, wie ihn die SZD auch heute noch zum
Befestigen ihrer Schienen benötigt.*

Bild rechts
Unterweisung am Lokmodell der Baureihe WL 23.

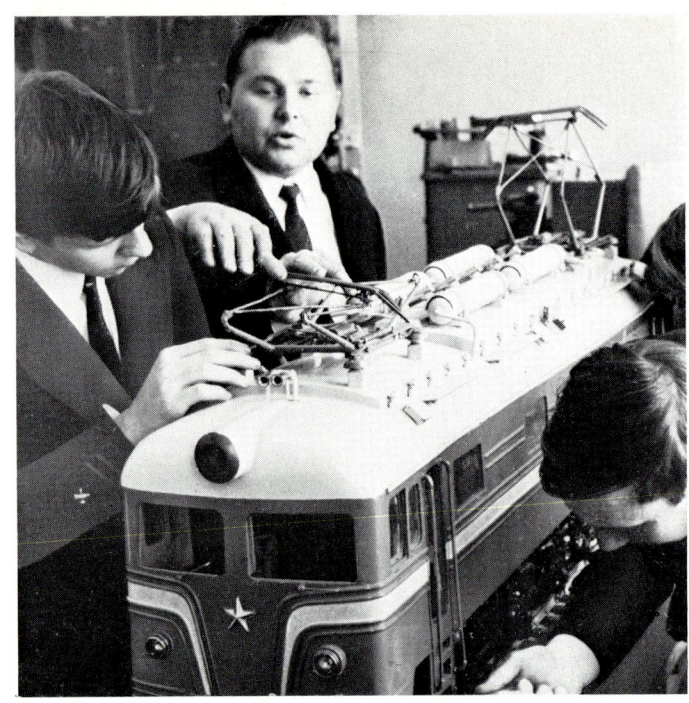

Bild unten
Berufsschulunterricht an einer Modellanlage.

Bild oben

Prototyp des ersten Gasturbinenzuges der SZD. Die Rekonstruktion stammt aus dem zentralen Forschungsinstitut für das Eisenbahntransportwesen.

Bild rechts

Triebwagenzug für Versuchszwecke. Gebaut in der Waggonfabrik Kalinin.